Insect Ecology Book

カマキリブラザーズ ビジュアルブック

VISUAL BOOK
KAMAKIRI Brothers

昆虫科学研究センター ISRC 監修
オーム社 編　渡部 宏 著

VISUAL BOOK

KAMAKIRI Brothers

カマキリブラザーズ ビジュアルブック

Contents

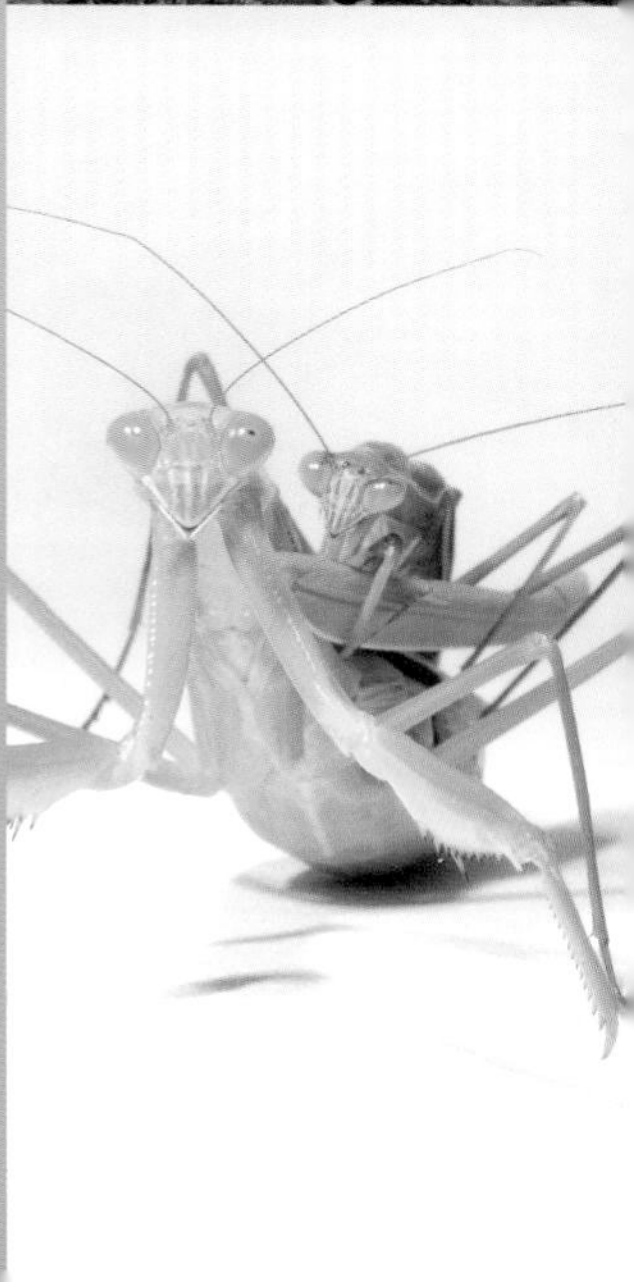

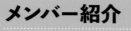

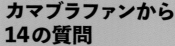

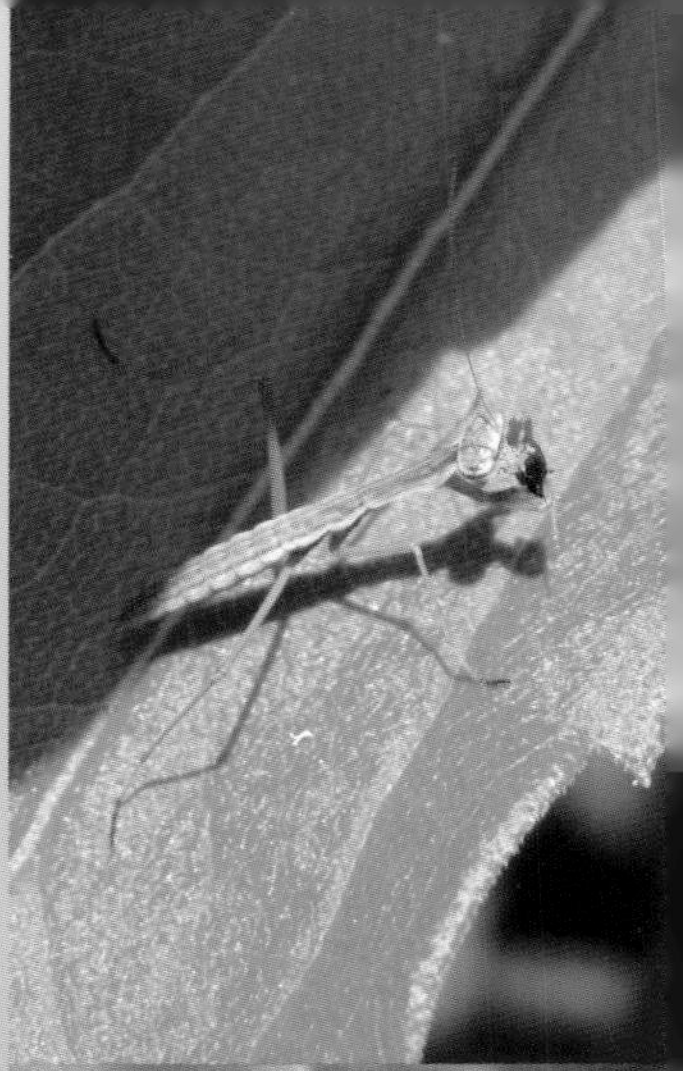

VISUAL BOOK
KAMAKIRI
Brothers

注）カマキリブラザーズは書籍上の演出であり、5種は兄弟ではありません

KAMAKIRI Brothers

学名:*Tenodera angustipennis* Saussure
分類:カマキリ科
体の大きさ:♂ 65 ～ 90mm ♀ 70 ～ 92mm
体の色:緑色型・褐色型・混合色型
(緑色と褐色の混じったもの)
住んでいる地域:本州・四国・九州
※北海道での生息は確認されていない
生活場所:草地性(開けて明るい草地、水田・田畑付近・河川敷の草地などのイネ科植物)
特徴:オオカマキリに似ているが、前脚の付け根がオレンジで後翅の色が薄い
出現期:年1化。5～6月頃に孵化。8～11月(成虫期)
食べているもの:昆虫類・小動物(トカゲ・カエル)
名前の由来:朝鮮半島から渡って来たためという説

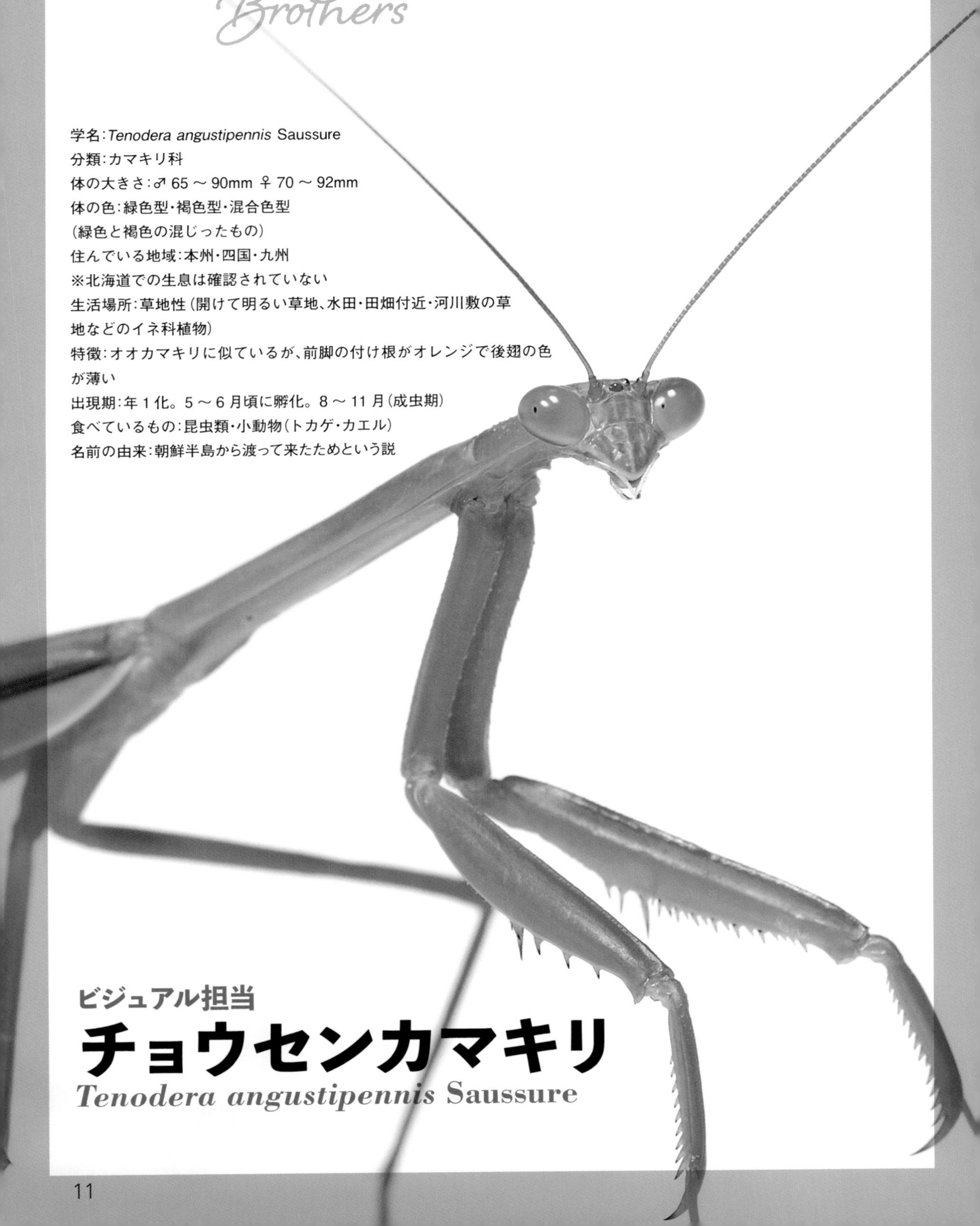

ビジュアル担当

チョウセンカマキリ

***Tenodera angustipennis* Saussure**

KAMAKIRI Brothers

ダンス担当

ハラビロカマキリ

Hierodula patellifera Serville

学名:*Hierodula patellifera* Serville
分類:カマキリ科
体の大きさ:♂ 45 ～ 65mm ♀ 50 ～ 70mm
体の色:主に緑色型・褐色型、黄色型(個体数は少ない)
住んでいる地域:本州・四国・九州
※北海道での生息は確認されていない
生活場所:樹上性(幼虫期は樹林付近の草地にいることが多い)
特徴:非常に警戒心が高く、葉裏に隠れたり、触るとすぐ威《い》嚇《かく》する。前脚の基節に3対の黄色の派手なイボ状の突起がある
出現期:年1化。5～6月頃に孵化。8月～11月(成虫期)
※沖縄地方では年2化
食べているもの:昆虫類・小動物(トカゲ・カエル)
名前の由来:「腹が広い」という意味

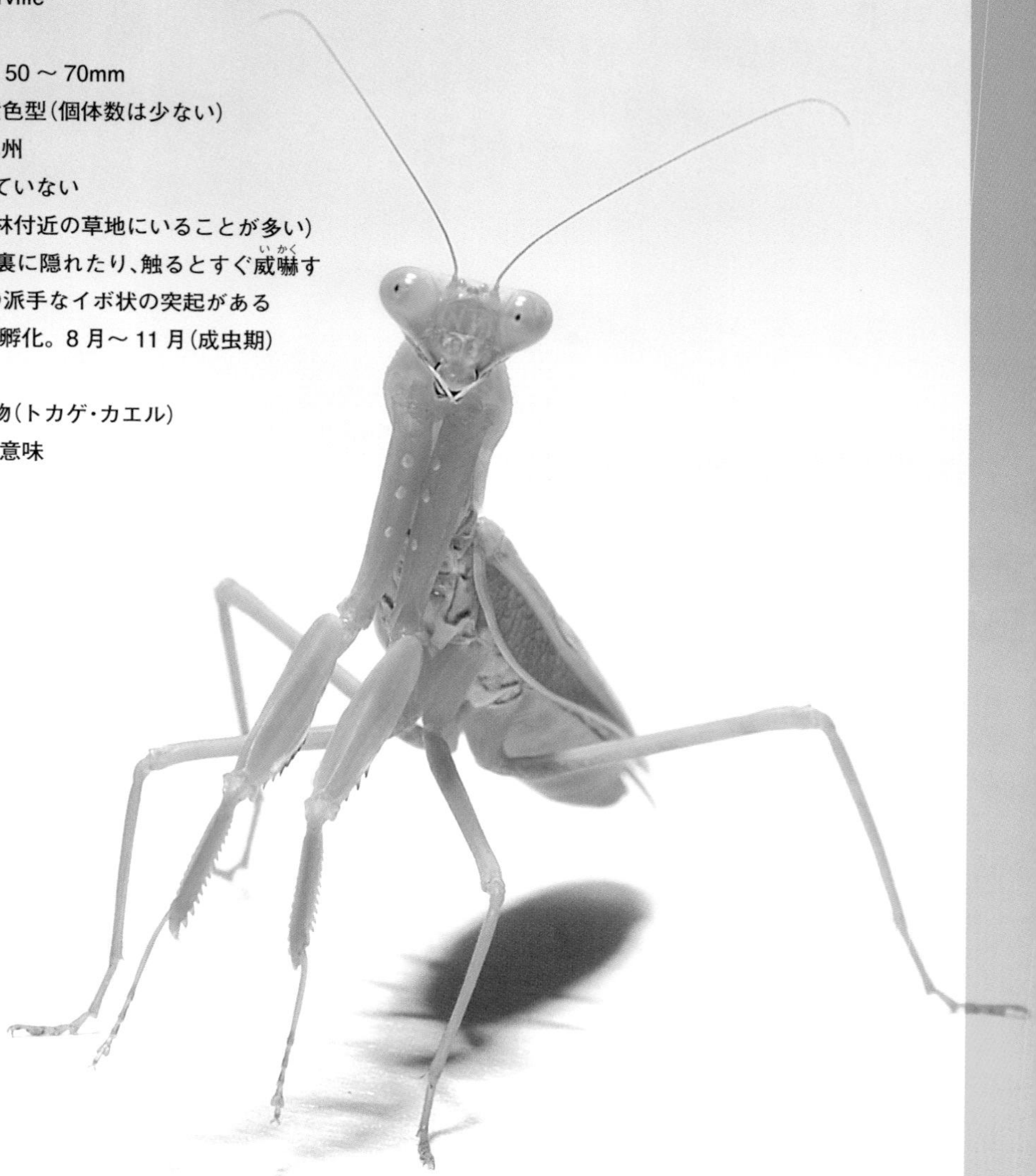

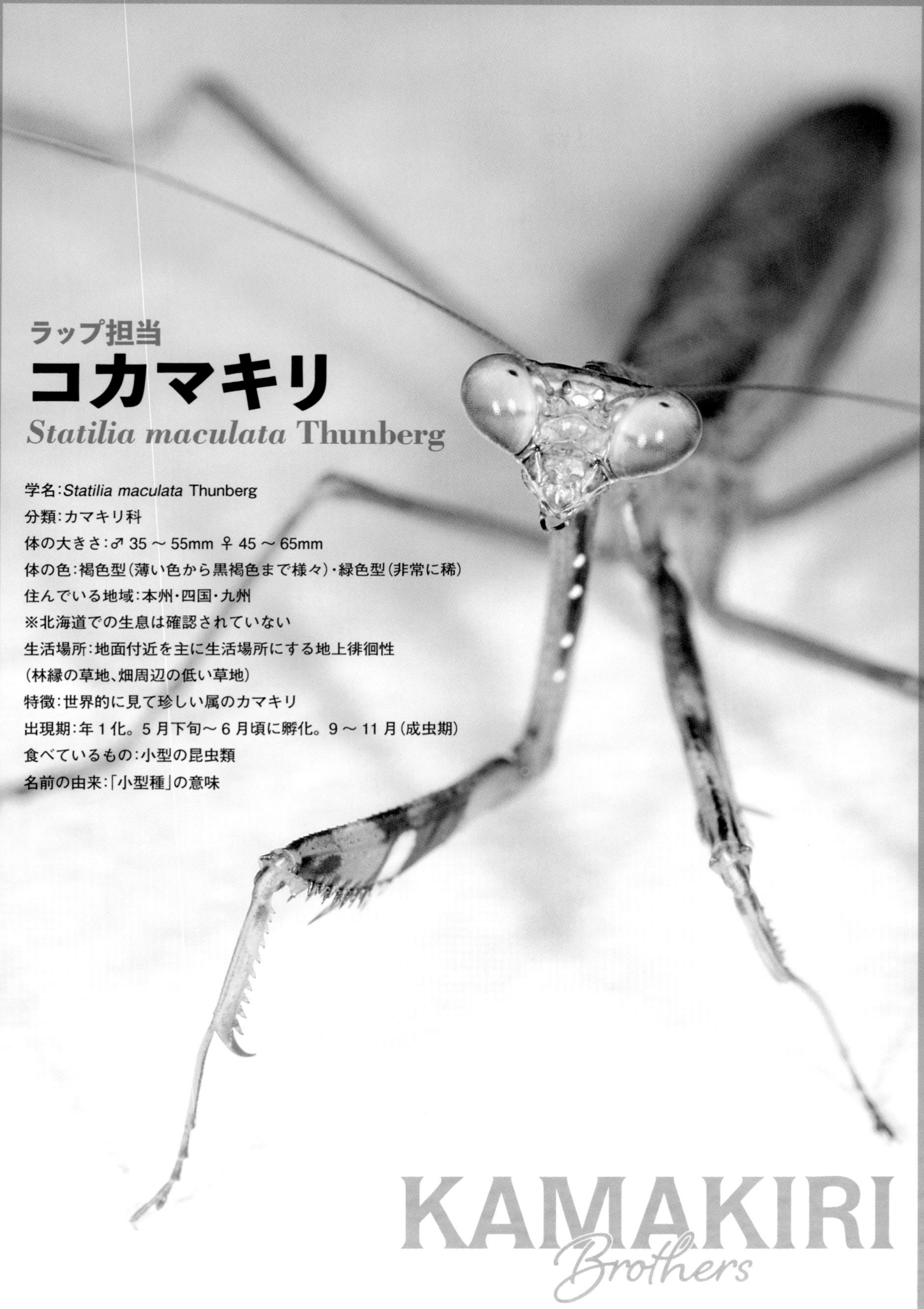

ラップ担当

コカマキリ

***Statilia maculata* Thunberg**

学名:*Statilia maculata* Thunberg
分類:カマキリ科
体の大きさ:♂ 35 ～ 55mm ♀ 45 ～ 65mm
体の色:褐色型(薄い色から黒褐色まで様々)・緑色型(非常に稀)
住んでいる地域:本州・四国・九州
※北海道での生息は確認されていない
生活場所:地面付近を主に生活場所にする地上徘徊性
(林縁の草地、畑周辺の低い草地)
特徴:世界的に見て珍しい属のカマキリ
出現期:年 1 化。5 月下旬～ 6 月頃に孵化。9 ～ 11 月(成虫期)
食べているもの:小型の昆虫類
名前の由来:「小型種」の意味

KAMAKIRI
Brothers

KAMAKIRI Brothers

学名：*Acromantis japonica* Westwood
分類：ハナカマキリ科
※日本では珍しいハナカマキリ科のカマキリ
体の大きさ：♂ 25 ～ 35mm ♀ 25 ～ 35mm
体の色：褐色型・緑色型
住んでいる地域：本州・四国・九州
※北海道での生息は確認されていない
生活場所：樹上性（山際から低山地の広葉樹林や周辺の草地）
特徴：オスは非常に動きが速く、飛ぶ力が非常に高い
出現期：年１化。６～７月頃に孵化。９～12 月（成虫期）
食べているもの：小型の昆虫類
名前の由来：「小型種」の意味

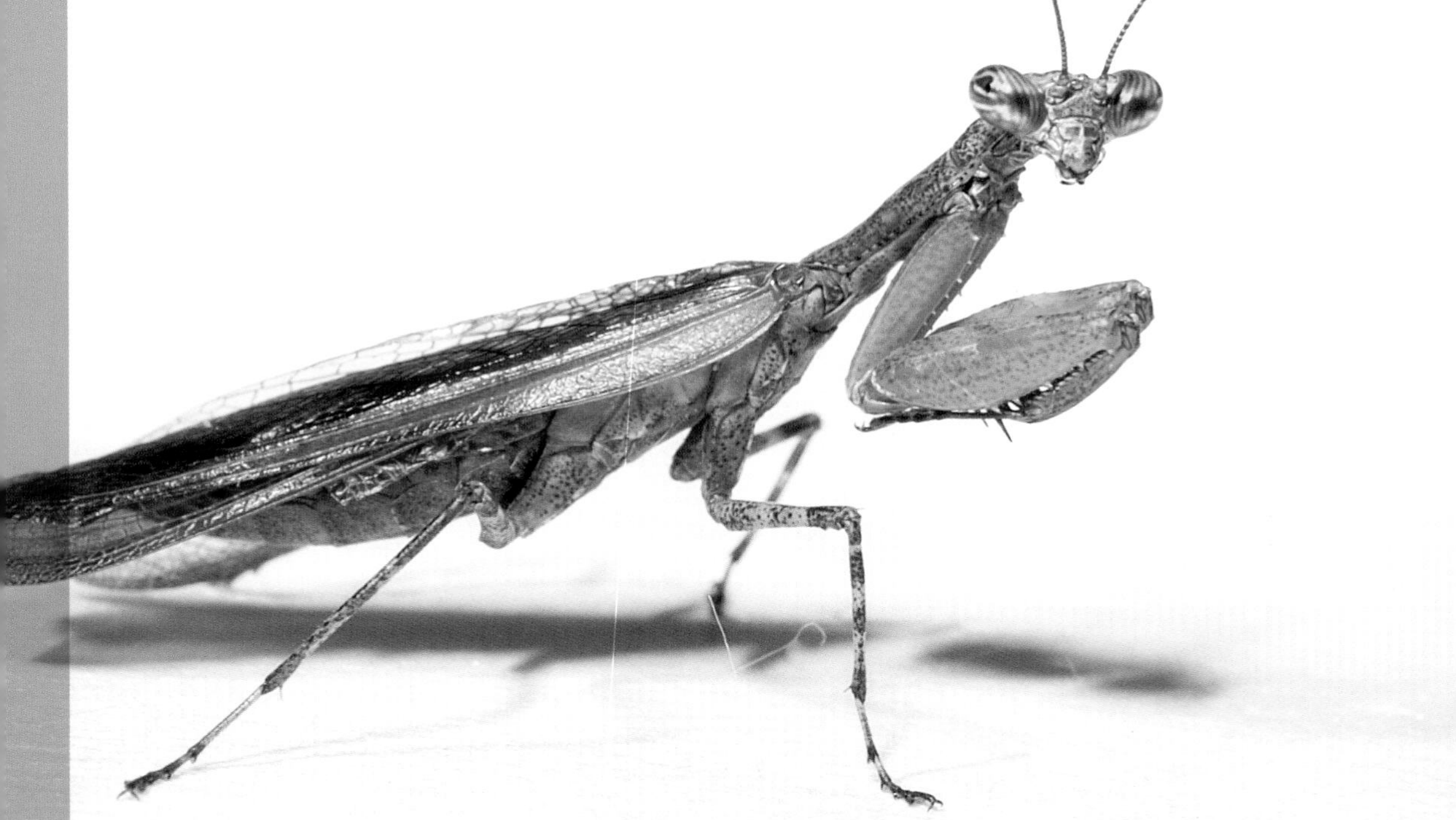

愛嬌担当

ヒメカマキリ

***Acromantis japonica* Westwood**

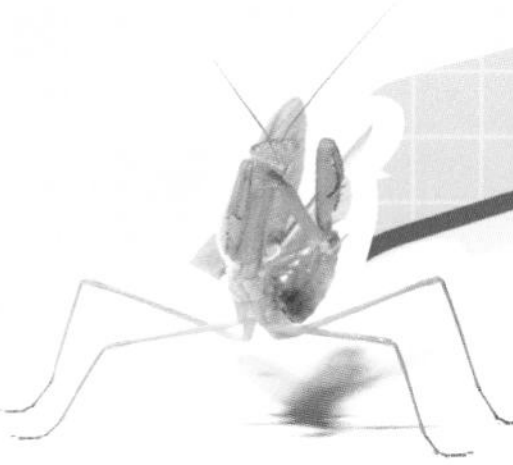

チョウセンカマキリ

オオカマキリ

メンバーのぶっちゃけトーク

ハラビロカマキリ

コカマキリ

ヒメカマキリ

テーマ1 好きな食べもの

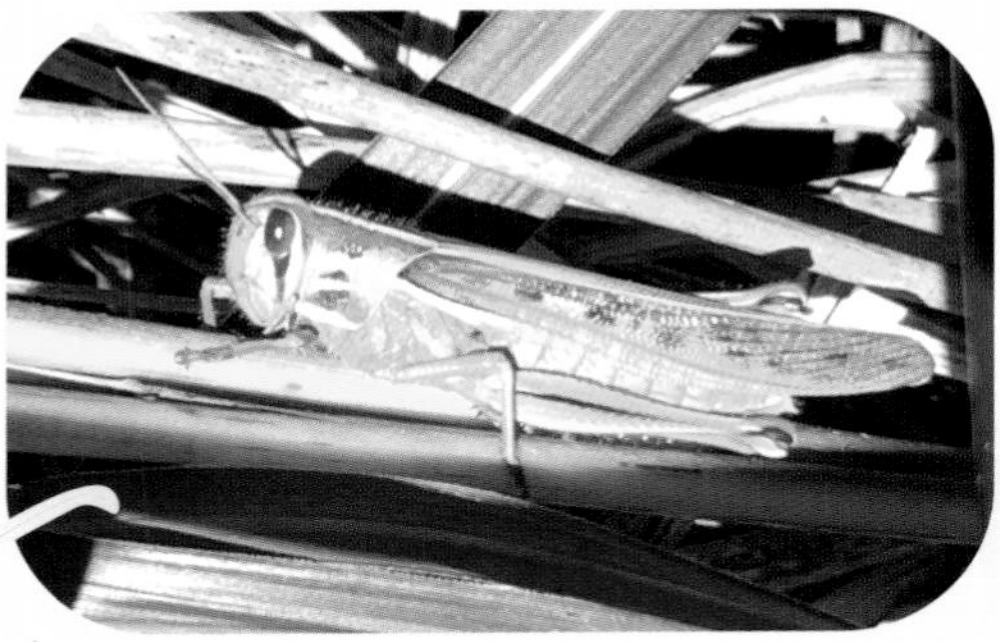

ツチイナゴ

オオカマキリ　俺は、山際の草地にいる大型のバッタやイナゴ、チョウなどを捕まえて食べるのが好きだ。オオカマキリのメスは、トカゲやカエル、鳥まで襲って食べるみたいだから、うかつに近づかない方がいいぜ。

ツマグロヒョウモンを捕食するオオカマキリ

ショウリョウバッタのオスを捕食中のチョウセンカマキリ

チョウセンカマキリ　俺は、オオカマキリほど体が大きくないから、イネ科の植物に集まるようなショウリョウバッタのオスとかが大好物！

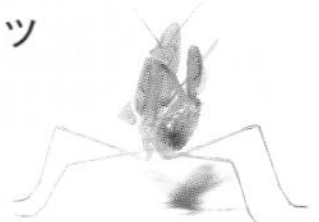

テーマ1

好きな食べもの

ハラビロカマキリ　自分は樹上性で、みなさんよりも高い場所で生活しているので、カゲロウやトンボ、小型のセミ、チョウなど高い場所にいる昆虫が好きです。

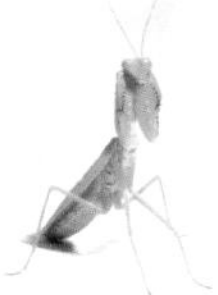

モンカゲロウ

コノシメトンボ

ヤマトシジミ

ハナアブ

ヒメカマキリ　私は、比較的高い場所で生活しているのですが、体が小さいので、小型のハエやシジミチョウなどの花に飛んで来る昆虫が好きです。

コカマキリ　僕は、地上徘徊性で地面を走り回っているから、地表面近くにいるコオロギやオンブバッタ、ゴキブリとかが好きっす。

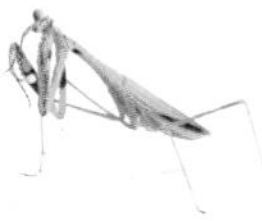

モリチャバネゴキブリ

モリオカメコオロギ

テーマ2

嫌いな食べもの

オオスズメバチ

キイロスズメバチ

オオカマキリ　俺の嫌いな食べものは、スズメバチやアシナガバチだ。俺より体が小さいから捕まえようとしたら、大あごで噛《か》まれて痛い目にあったことがあったぜ。もう黄色や黒の模様をしたハチを襲うのはやめようと思っている。毒針は危険だが、俺たちの体の上半身は硬いから、なかなか刺さらない。だが、あの大あごで噛まれたら頭もカマも取れてしまう。メンバーのみんなもハチには気をつけろよ！

セグロアシナガバチの仲間

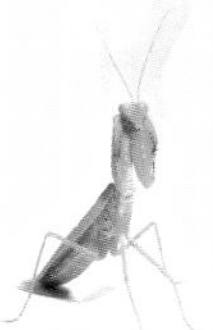

ハラビロカマキリ　ハチは遠慮したいですね…。自分は、木の上でカメムシ類とよく出会います。クサギカメムシやキマダラカメムシなんかは、ちょうどいい大きさですが、角度によっては臭い液体が付着するのが嫌で食べるのをやめてしまったりします。あれはまずいです。あと、幼虫期についつい手を出してしまうのですが、セイタカアワダチソウヒゲナガアブラムシっていう赤いアブラムシも苦手です。体液がまずくて、たまに吐き出してしまいます。

キマダラカメムシ

セイタカアワダチソウヒゲナガアブラムシ

テーマ2

嫌いな食べもの

ナナホシテントウ

チョウセンカマキリ　俺は、テントウムシかな。アルカロイドと呼ばれる黄色いまずい成分を出すからあまり好きじゃないな～。口に入ったときは、吐いてしまうよ。

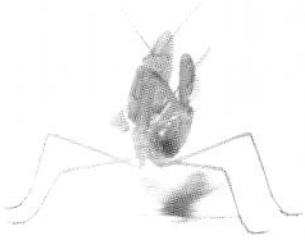

コカマキリ　僕は、地面でよく出くわすアリですかね。手ごろな大きさだと思って襲うと、蟻酸《ぎさん》という物質を出して、それがまずくて食べられないんですよ。フェロモンを使って集団で襲ってくるし、嫌いっす。

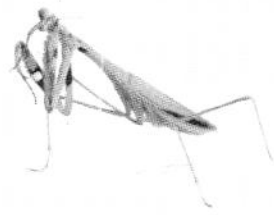

クロヤマアリ

ハリカメムシ

ヒメカマキリ　臭いものを出してくる系は嫌ですよねー。私も臭いカメムシは苦手です。

テーマ3

食べられないもの

オオカマキリ　リーダーの俺でも、甲虫類は硬くて捕獲も難しいから食べられない。カブトムシやクワガタなんて攻撃しても全然歯が立たないぜ。おそらく、メンバー内で甲虫の仲間をエサとして生活しているのは、いないんじゃないか。

チョウカマ・ハラカマ・コカマ・ヒメカマ
はい、無理でーす。

甲虫類

✖ ナミハンミョウ（地上徘徊性）

✖ ラミーカミキリ（草地性）

✖ ヤマトタマムシ（樹上性）

✖ オカダンゴムシ

コカマキリ　僕が地上でよく会うダンゴムシも、攻撃すると丸まって硬くて食べられないし、カマで捕獲することもできない。ダンゴムシが丸まるときにカマが挟まれちゃって、投げ飛ばしたことがある。何回かそんな目にあったので、目の前をダンゴムシが歩いていても狙うのはあきらめました。

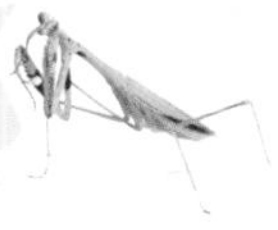

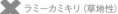

テーマ4

苦手な相手（天敵）

クロオオアリ

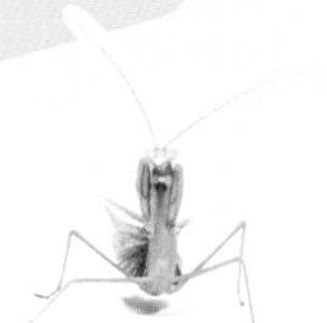

オオカマキリ　体の大きさが1cm以下の幼少期の俺たちに襲いかかって来る嫌なやつはアリだ。孵化直後は体も柔らかいし、アリに見つかったら最後。俺たちは一斉に孵化するから、アリが集まって来ると一網打尽にされる。だから孵化して体が硬くなると安全な葉の上に移動するんだ。

コカマキリ　オオカマリーダーでも天敵がいるんすね。僕もアリはマジ無理っす。うざい〜。僕は地上生活が長いから、特にアリには注意が必要で、幼少期は姿をアリに似せるようにしています。頭いいでしょ。アリに擬態する生きものは多くて、アリグモというアリに擬態したクモがいるから気をつけないとダメっすね。

アリに擬態したアリグモ

ムネアカハラビロカマキリ

ハラビロカマキリ

ハラビロカマキリ vs ムネアカハラビロカマキリ

ハラビロカマキリ　近年、見たことがないような巨大で自分にそっくりなカマキリと出会うことが多いんです。あんなカマキリ、昔はいなかったようなので、人間の手を介して中国の方から海を渡って日本に入って来たみたいです。しかも、同じハラビロカマキリの仲間だから生活場所が似ていて、自分の仲間は、この外来種のムネアカハラビロカマキリにやられてしまい、ずいぶん数が減りました。長年、日本の生態系の一員として環境を守ってきたのに、ツラいです…。

サツマヒメカマキリ

ヒメカマキリ

ヒメカマキリ vs サツマヒメカマキリ

ヒメカマキリ　私に近い仲間で、サツマヒメカマキリというカマキリがいます。同じように森林で生活するカマキリで、サツマヒメは幼虫で越冬する日本では珍しいカマキリです。私たちが孵化した幼虫期には、すでにサツマヒメは成虫になっているから、会ってしまったらアウトです。でも、私たちの体が小さすぎたら相手にされずに済むかも（苦笑）。東海地方より南や西に生息しているので、それより東や北の方ではライバルにはなりません。でも、近年の地球温暖化の影響で、分布を北上させながら拡大しているらしいです。今まで出会わなかった場所でも会う可能性があるから、これからはライバルとして気を引き締めて生活をしないといけないと思っています。

メンバーのぶっちゃけトーク

テーマ5
カマキリ界のライバル

コカマキリ　みんなライバルがいるんですね。僕は、地上で生活する珍しいカマキリだから特にライバルはいないっすねー。同じように地上で生活するヒナカマキリというチビッコがいるようだけど、ヒナカマは森林性で、生活している場所も違うから会うことはほぼないと思う。ま、出会ったとしてもわからないほどの小ささだから、相手にしないけど（笑）。

ヒナカマキリ

コカマキリ

テーマ6
キレイ好きは誰？

コカマキリ　キレイ好きならオオカマリーダーじゃない？

オオカマキリ　いやいや、俺に限らずカマキリはみんなキレイ好きだよ。みんな、エサを食べた後は特に丁寧に時間をかけてグルーミング（体の汚れの掃除）をしているから。でも、グルーミングしているときは天敵に見つかりやすくなるから、体を揺らして風で揺れる葉に似せる行動をしながら行っているんだよな。前脚・中脚・複眼《ふくがん》・触角と様々な場所をグルーミングするけど、前脚にはブラシ状のものがあるので、それで複眼などのブラッシングをしているよ。チョウやガを捕食したときは、たくさん鱗粉《りんぷん》がついたり、バッタ類では体液、カメムシでは臭い液がついたりするから、入念にグルーミングを行っている。人間の子供たちに触られまくったときもグルーミングをするけど、これは疲れていたり、弱って来ているサインだから、俺たちが何度もグルーミングをするようになったら、あまり触らないでほしい。スキンシップは、ほどほどに頼むぞ！

エモい♡
カマブラ
グルーミングショー

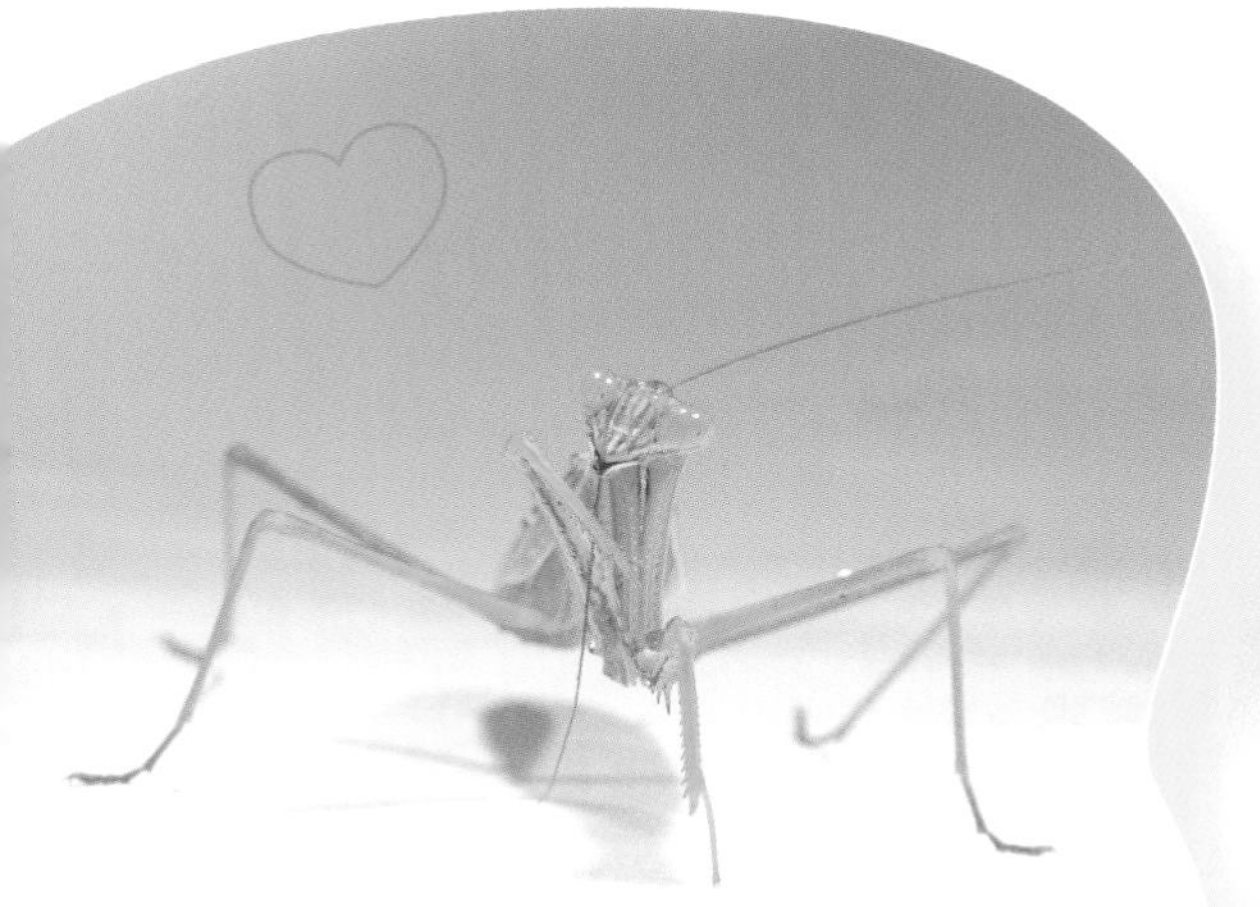

触角をグルーミングする
オオカマキリ

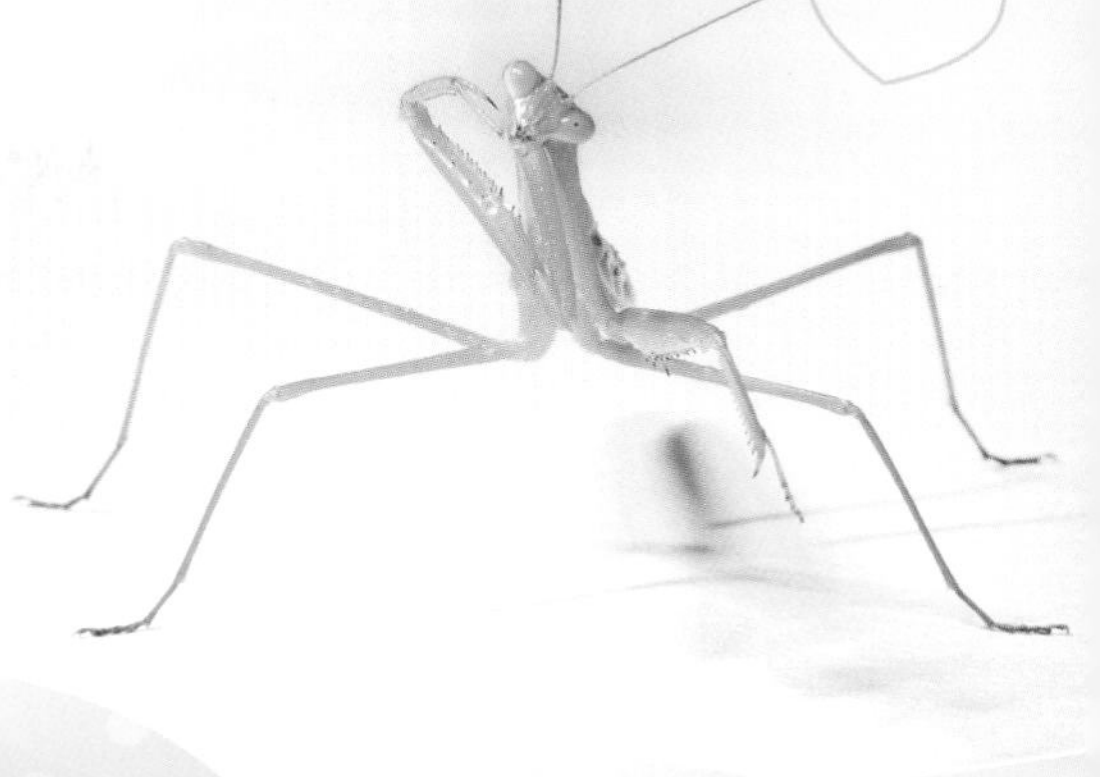

右前脚をグルーミングする
チョウセンカマキリ

頭部をグルーミングする
ハラビロカマキリ

左前脚をグルーミングする
ヒメカマキリ

後脚をグルーミングする
コカマキリ

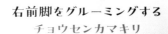

カマブラに会いたい！

出没スポット

一番遭遇しやすいよ

オオカマキリ

出没スポット

草地性で特に平野部よりも山際の林縁の草地に多くいます。開けすぎた低い丈の草地にいることは少ないです。大型種なので、イネ科などの細い葉よりもクズなど大きな葉を持つマメ科の植物を利用して、獲物を待ち伏せしていることが多いです。特にセイタカアワダチソウとクズの混群落で出待ちするのがおススメ！秋になると、セイタカアワダチソウが黄色い花を咲かせ、そこに集まって来る昆虫を捕獲しやすいためにやって来ると考えられています。

クズの上で待ち伏せするオオカマキリのオス(成虫)

時期

8～11月くらいまでが出会うチャンスですが、オスはメスとの交尾のためにあまりエサを食べずにメスを探し回るので、飛翔《ひしょう》するなどエネルギー消費も高く、また不運にもメスに共食いされてしまうこともあるため、早めに死んでしまいます。秋が深まるにつれて個体数が激減するので、8～9月の出待ちがおススメです。メスは冬でも稀に発見できることがあります。ちなみに、2月に雪が降る山の中で、人間のカマキリファンが生きたメス成虫に出会えたラッキーなケースもあります。

出会いやすさ　◎

市街地に近い場所でも生活している大型のカマキリなので、一番出会いやすい種です。秋になって気温が低下してくると、体温調節のため温かくなったコンクリート道や壁などで日向ぼっこしている姿をよく見かけます。秋になると車にひかれたオオカマキリの死体が頻繁に見られるようになるのはそのためだと考えられます。

チョウセンカマキリ

水辺周辺で
会えるかも！

出没スポット

オオカマキリと同じ草地性ですが、山際には少なく、平野部の開けた草地に多く見られます。水田や田畑の周辺、河川敷、都市の公園などでよく出会えます。特に、池の周辺や河川敷などの水辺周辺の草地で遭遇することが多いです。オオカマキリに比べて体重が軽く、イネ科の植物を好む傾向があります。

イネ科の植物で待ち伏せする
チョウセンカマキリのオス（成虫）

時期

8～11月くらいまで出会えますが、オスはオオカマキリと同様に早めに死んでしまい、秋が深まるにつれて個体数が減少するため、8～9月がおススメ！

出会いやすさ ○

都市近郊でも生活しているため、都心部の生息地スポットを探すと容易に出会うことができます。また、オオカマキリと非常に姿が似ています。前脚の付け根がオレンジ色で、オオカマキリと比べると少し小型で細身です。

メスは比較的
会いやすい!?

ハラビロカマキリ

出没スポット

樹上性ですが、オスは樹林近くの草地（クズ群落）で出会えることが多いです。オオカマキリやチョウセンカマキリに比べて比較的高い場所を好みます。公園の街路樹などでもよく見かけます。暖かい場所を好むため西日本に多いです。また、幼虫期は樹上で生活していることは少なく、特にセイタカアワダチソウの頂点から少し下の葉や茎に止まっていることが多いです。背の高い場所の花の近くで獲物を待ち伏せする傾向があるため、読者のみなさんの身長よりも高い場所で咲いている花の近くを探索してみてください。

セイタカアワダチソウやクズが集まる場所で
待ち伏せするハラビロカマキリのオス（成虫）

時期

8～11月くらいまでが出会うチャンスですが、秋が深まるにつれてオス個体はほとんど見つからなくなるため、8～9月がおススメ！

出会いやすさ　◎（オスは△）

交尾時のメスからの共食い率の高さが原因のようで、野外ではメスに比べて圧倒的にオスの方が出会いにくいです。

低い所を
見てみて！

コカマキリ

出没スポット

地面付近で生活していることが多いので、林縁付近の丈の低い草地や田畑周辺、河川敷などの低い草地でよく見かけます。オオカマキリ・チョウセンカマキリ・ハラビロカマキリと比較すると、低い場所で生活することを好みます。

地面近くの枯れ枝で待ち伏せする
コカマキリのオス（成虫）

時期

9〜11月くらいまで出会えます。オスは早めに死んでしまい、秋が深まるにつれて個体数が減少するため、9〜10月がおススメ！

出会いやすさ　△

小型種で地上徘徊性のため、地面の色によく擬態しているので見つけるのが難しいです。夜間は灯火に集まることがあるので要チェック！

出会うのが
難しいかも！？

ヒメカマキリ

出没スポット

樹上性で、山際～低山地の広葉樹林や周辺の比較的丈の長い草地で見られることが多いです。

低山地の開けた
日当たりの良い木の葉の上で
待ち伏せするヒメカマキリのオス（成虫）

出会いやすさ △

小型種で個体数が少なく、山際から低山地の限定的な場所に限られるため、出会うのは難しい種です。灯火に集まる習性があるので、そこがねらい目です。山道の手すりなど日当たりの良い場所で出会えることも多いので、山歩きをかねて会いに行きましょう。

時期

9～12月くらいまで出会えます。前述のカマキリ同様、オスは早めに死んでしまい、秋が深まるにつれて個体数が減少するため、9～10月がおススメ！

カマブラファンから14の質問

Q1

もともと日本に住んでいなかった外来種のカマキリが増えているそうですが、現状を教えてください。

ハラビロカマキリ　この質問は自分が答えますね。２０００年以降、ムネアカハラビロカマキリが日本各地で発見されたと聞いています。２０２１年までに23都府県で報告されているそうです。日本国内の広がり方を考えると、もっと前から侵入していたと思います。

コカマキリ　日本に入って来た理由ってなんすか？

ハラビロカマキリ　ホームセンターなどに輸入される中国産の竹ボウキにムネアカハラビロカマキリの卵鞘がくっついていて、そこから全国的に広まったのではないかと考えられています。同じようにタイワンタケクマバチも中国産の竹材から侵入して来たと言われています。

コカマキリ　外来種がたくさん入って来ると、僕たち日本在来種のカマキリにはどんな影響があるんですかね？

タイワンタケクマバチ

クマバチ

Q1

もともと日本に住んでいなかった外来種のカマキリが増えているそうですが、現状を教えてください。

ムネアカハラビロカマキリ

ハラビロカマキリ

ハラビロカマキリ　ムネアカハラビロカマキリは自分たちハラビロカマキリと同じ仲間のカマキリで、高い場所で生活するなど生活場所が非常に似ているので、エサの奪い合い、共食いなんかが起きているんです（プンスカ）。その影響で、ムネアカハラビロカマキリがいる地域では、特に自分たちハラビロカマキリの数が減って来ています。そして、同じ樹上性のヒメカマキリが生息している場所でもムネアカハラビロカマキリが見つかっているので、同じような生活場所のカマキリへの影響が心配されています。

ヒメカマキリ　そういえば、知り合いがムネアカハラビロカマキリをうちの近くで見たって言ってました。ハラカマとの違いを教えていただけないかしら。

ハラビロカマキリ　了解。では、見わけ方を説明しますね。まずは成虫。ムネアカハラビロカマキリとハラビロカマキリはものすごく姿が似ているから、これまで発見されていたとしても、ハラビロカマキリだと思われていたかもしれません。ムネアカハラビロカマキリのオスは60〜83㎜、ハラビロカマキリのオスは45〜65㎜。カマの付け根の黄色いイボイボが、ハラビロカマキリには1つのカマに大きいものが3つあるのですが、ムネアカハラビロカマキリには小さなイボが8〜10個並んでいるから、この個数で見わけられますよ。

次に卵鞘について。卵鞘の産みつけ方にも違いがあります。自分たちハラビロカマキリは底面をすべてつけて産みつけますが、ムネアカハラビロカマキリは3〜4割くらいしかくっつけず、下の部分が産卵する枝から離れていて、斜めになっているような形で産卵します。ムネアカハラビロカマキリの卵鞘の色は白と黒のコントラス

ムネアカハラビロカマキリの卵鞘

ハラビロカマキリの卵鞘

トがはっきりしていて、ハラビロカマキリの場合は茶色っぽい色をしています。

自分はハラビロだから安心してくださいね。ヒメカマは、まさか、いままで見間違っていたんじゃ…。

ヒメカマキリ　カマブラメンバーなのに、間違えたりしませんわ。

オオカマ・チョウカマ・コカマ　ホントに〜？（笑）

ヒメカマキリ　も、もちろんです…。

チョウセンカマキリ　外来種については、今後どう対応すればいいのかなぁ。

ハラビロカマキリ　長年かけてつくり上げて来たバランスのとれた日本の生態系の保全を考えると、ムネアカハラビロカマキリの詳しい特徴、どのようにして日本に入って来ているのか、どのくらい広まっているのか、どのように防ぎ、どう駆除するのかなど、考えないといけないことがたくさんあります。ムネアカハラビロカマキリの卵鞘は小さく、樹上性なので非常に見つけるのが困難です。今後、ムネアカハラビロカマキリの生態的特徴の研究が進んで、良い解決策が見つかればいいのですが…。人間には、カマキリについての外来種問題、環境問題、ＳＤＧｓなどに関心を持っていただき、研究が進むことを願っています。

チョウセンカマキリ　日本生まれのカマブラの応援をヨロシク〜！

Q2

カマキリが雪予想できるって本当ですか？

オオカマキリ　この質問は俺が答えるぜ。ファンのみんなは、「カマキリの卵鞘の産みつけ位置が高いと、その年の冬はたくさん雪が降る」っていう噂《うわさ》を知っているかい？　卵鞘が雪に埋もれてしまうと、中のカマキリが死んでしまうから、カマキリは産卵する高さを雪予想して決めているって言われているんだ。でも実は、雪の多い地域のカマキリの卵鞘は、雪に埋もれていることが多い。しかも雪の下に埋もれたオオカマキリの卵は翌春、ちゃんと孵化して来るんだぜ。カマキリの卵鞘はすごく優れていて、中の卵が凍ったり、雪の重みで潰れることはない。むしろ、雪の中にある卵鞘は鳥などの天敵から見つかりにくく、生存率は高いと考えられているんだ。目立つ場所に産卵した卵鞘は、鳥に中の卵を食べられてボロボロにされてしまうから、カマキリは目立つような場所には産卵せず、天敵から見つかりにくい所に産卵する傾向があるんだ。植物の上でも、葉がたくさんある場所や、枝が重なっているような場所など、密度の高い場所に産卵する。高さの低い植物種だったら産卵位置が低くなり、高い植物では高い位置に産卵する傾向がある。つまり、カマキリは、植物や周囲の環境に合わせて適切な場所に産卵しているんだ。だから産卵位置を雪予想によって決めているという科学的根拠は乏しいってことさ。雪に埋もれたカマキリの卵に寄生していたオオナガアシブトコバチやカマキリタマゴカツオブシムシも無事だということがわかっているぞ。

背丈の高いセイタカアワダチソウに
産みつけられたオオカマキリの卵鞘

背丈の低いササに産卵したため、
雪に埋もれるオオカマキリの卵鞘

Q3

地球温暖化は、カマキリにも影響がありますか？

オオカマキリ　これも俺が代表して答えるぜ。人間がたまに、冬に暖かい部屋の中でオオカマキリの卵を孵化させてしまうことがあるよな。俺らオオカマキリは卵で冬を越すが、卵休眠（冬の寒さを一定期間経験しないと温めても孵化しない眠っている卵のこと）はしないんだ。ちなみに、ウスバカマキリも休眠しないんだけどな。だから、このまま地球温暖化が進むと、秋に産卵した卵が春になる前に孵化してしまうリスクが高くなる。11月に1齢幼虫（1cm程度の卵から孵化したばかりのもの）になった仲間もいるんだ。たぶん、冬を越す前に間違って孵化したんだろうな。秋に孵化してしまった幼虫は、エサがあまりないから、寒い冬を越すことができず全滅してしまう。これから地球温暖化が進んでいくと俺たちにとっては厳しくなるよ。地球温暖化は人間や動物だけでなく、俺たち昆虫も大きな影響を受けるんだ。

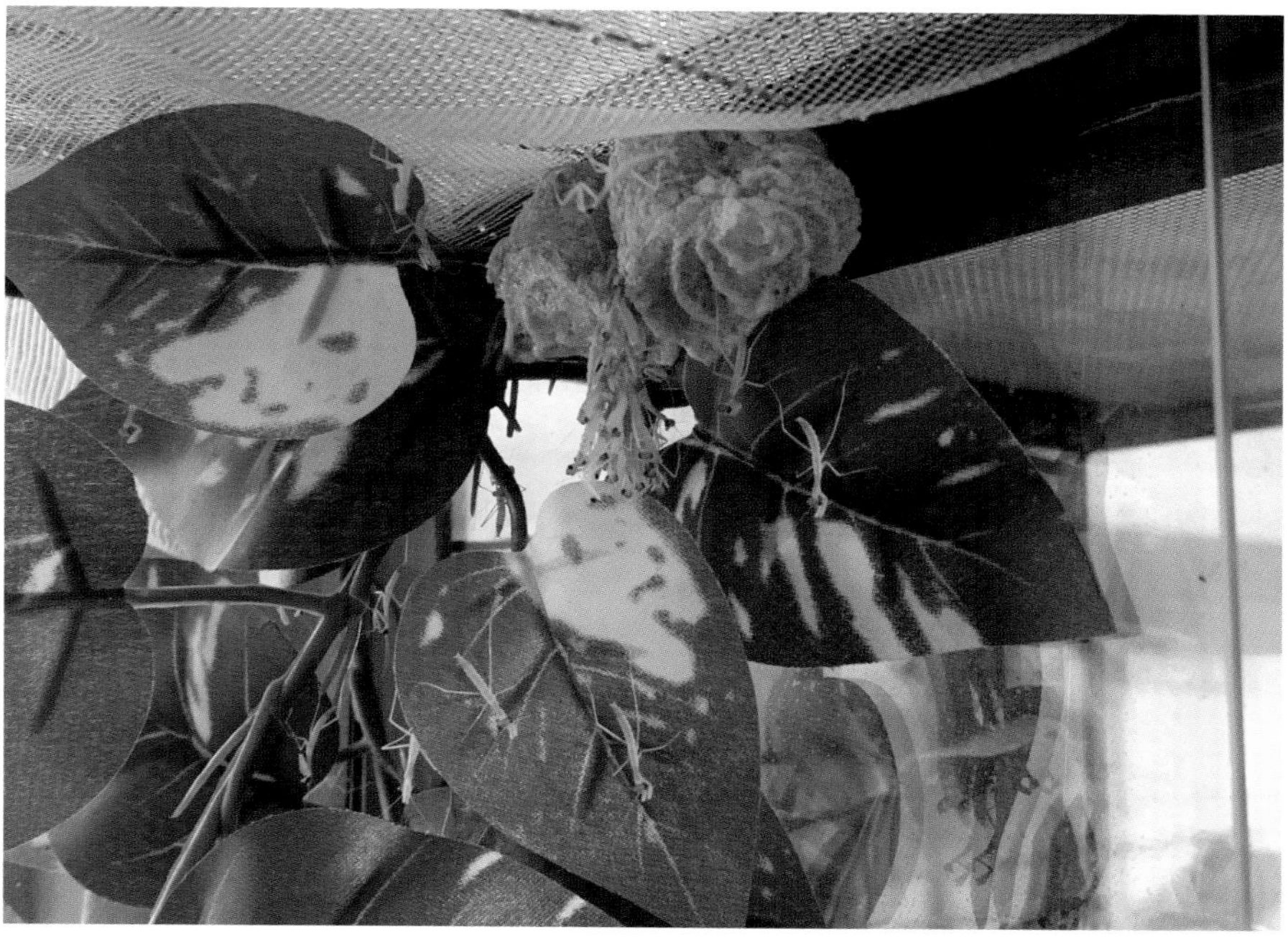

冬に部屋で孵化したオオカマキリ

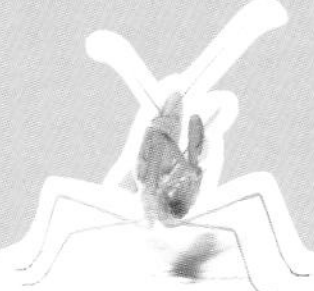

Q4

カマキリのメスはオスを食べると聞きましたが…。

チョウセンカマキリ　あー、カマキリのオスは交尾時にメスに食べられるっていう話か。もちろんオスはメスに食べられたくないよ。オスは何度も交尾ができ、より多くのメスに自分の精子をばらまいた方が多くの子孫を残すのに有利だからね。「性的共食い回避」と呼んでいるんだけど、オスはメスからの共食い回避を行っているんだ。メスがエサを食べているときに接近したり、満腹で共食いされる危険が低いメスを選んだり、風が吹いて葉が揺れていて見つかりにくいときに素早く接近するなど、オスはメスや周辺の状況を見ながら慎重に交尾行動をするのさ。姑息《こそく》と思われるかもしれないが、交尾前に食べられてしまうことがオスにとって一番のデメリットだからね。

ハラビロカマキリ　でも、交尾時の共食いは種類によって頻度が異なりますよね。野外では、自分たちハラビロカマキリのオスは極端に少ないので、オスはメスに食べられる率が他の種よりも高いかもしれません。交尾後も他のオスにメスを奪われないように「交尾後ガード」と言うんですが、メスの上に乗り続けます。メスが産んだ卵鞘の卵には様々なオスの精子が混じっていることがあるので、自分の子孫を残すために、オスは命がけでメスの上に乗り続けているんですよ。カマキリは頭部にある神経で交尾行動をコントロールしているので、メスに頭を切断されると、逆に交尾行動が積極的になるんです。食べられながらも子孫を残そうとする、この涙ぐましい行動の理由は、まだよくわかっていません。

共食いされながらも交尾を続けるハラビロカマキリのオス

背後から慎重に接近するオオカマキリのオス

Q5

成虫のまま年越しは、できるのですか？

冬が近づき、命をまっとうしたオオカマキリ

オオカマキリ　野外で、メスの成虫が年を越しても生きていることはたまにある。ただ、オスはメスに比べてあまりエサを採らないし、交尾のために飛翔してメスを探したりするからエネルギーを使うし、共食いのリスクもあるから、メスに比べて短命で、年越しをするのは難しいな。基本的に、冬になる前に交尾を終えて命を次世代に残して死んでいくんだ。だから、俺らカマキリの寿命は1年もない。短いカマ生だぜ。

Q6

カマキリの生存率は、どのくらいですか？

ヒメカマキリ　この質問は私がお答えします。種類にもよりますが、1つの卵鞘から50～250匹もの幼虫が孵化します。幼虫期の大きさはオオカマリーダーだと1cm程度ありますが、アリやハナグモ、カナヘビ、鳥など様々な天敵に捕食され、生き残れる割合は1％前後だと思います。〝草原の王者・カマキリ〟と呼んでいただいたりしていますが、産卵数が多く、死亡率が高い「多産多死型」の生きものなのです。

カナヘビ

ニホントカゲ

アオサギ

Q7

カマキリの体の色は どうして個体によって 違うのですか？

緑色型の
チョウセンカマキリのメス

オスに多い混合色型の
チョウセンカマキリ

チョウセンカマキリ　カマキリの体の色についてはまだよくわかっていないんだ。体の色は、緑色型・褐色型・混合色型（緑色と褐色が混ざったもので、オオカマキリとチョウセンカマキリのオスに多く見られる）があり、毒などの武器を持たないカマキリは、周囲の環境（葉・地面・木）に溶け込んで身を隠す隠蔽《いんぺい》色になっている。だから生息環境に合わせて種によって体色が異なるんだ。

オオカマキリ　若齢期は褐色型で、緑色型に変化する個体や、緑色型から再度褐色型に変化する個体など、同じ卵鞘から生まれて来た個体でも体色は様々だ。俺らオオカマキリを太陽光の当たらない室内で飼育すると、褐色型になる割合がすごく高いんだぜ。遺伝的な要因よりも光や植物からの反射光とかの外的要因が体の色に影響を与えている可能性があるが、まだよくわかっていない。でも、上のチョウセンカマキリの写真みたいに、オスとメスでは体の色のパターンに違いがあったりするから、遺伝的な要因もまったく関係していないとは言えないな。

コカマキリ　ハラビロカマキリや外来種のムネアカハラビロカマキリのほとんどは緑色型だけど、たまーに褐色型、さらにごくまれに黄色型が見つかることがありますね。地上徘徊性の僕らコカマキリの多くは、地面や落ち葉に身を隠すために茶～黒色型だけど、実は緑色型もいるんすよ。知ってました？超レアでしょ。

ヒメカマキリ　出会えたらラッキー♪ですね。まだわかっていないことが多そうなので、人間にカマキリの体色変化の謎を解き明かしていただきたいですわ。

褐色型のハラビロカマキリ

黄色型のムネアカハラビロカマキリ

緑色型のコカマキリ

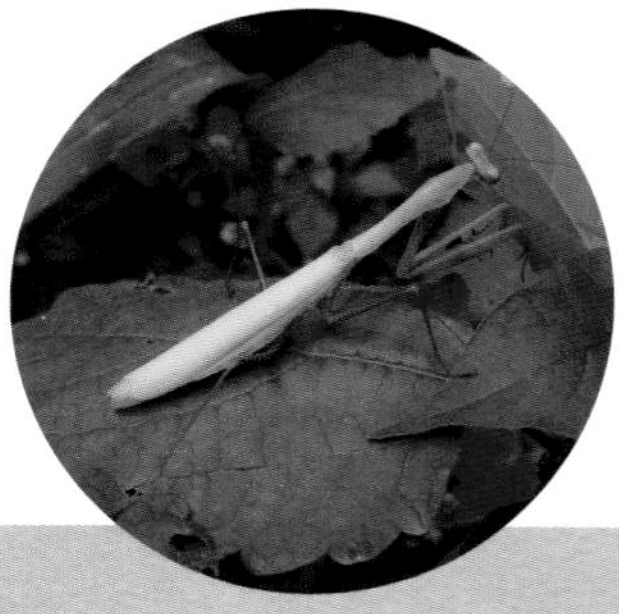

Q8

カマキリは飛べますか？

チョウセンカマキリ　カマキリは飛べるけど、飛ぶのは得意じゃない。特にメスは産卵のために多くのエサが必要で体重が重たいから、ほとんど飛べない。だからメスの場合は、威嚇のために翅を利用することが多いんだ。

ヒメカマキリ　オスはメスのフェロモンをメスより長い触角で感知し、飛んで探しまわります。そのため、メスに比べてとても体が細く、軽いので飛翔に向いています。特に夜間にメスがフェロモンを放出するので、夜にオスのカマキリたちが、他の夜行性昆虫と同じように街灯に集まって来ることも多いのです。

コカマキリ　まるで人間が集まるクラブみたいっすね。

ヒメカマキリ　あら、コカマは人間のクラブに行ったことがあるの？

コカマキリ　な、ないっすよ（汗）

チョウセンカマキリ　昆虫が街灯に集まるのは、昆虫の頭の上にある月の光に背を向けることで正確な飛行姿勢を保つことができるためだと言われているよ。

ヒメカマキリ　カマキリが飛ぶときは、最初に後ろ脚で地面を蹴《け》って、さらに翅を広げて飛びます。特に私たちヒメカマキリは動きが俊敏で、よく飛ぶことができます。虫かごで飼育されているカマキリが容器内で飛ぶことはありませんが、野外に出て、人間が手のひらに乗せるなどして風を感じると、飛んで逃げていくことがあるので、お気をつけくださいませ～。

翅を広げて威嚇するチョウセンカマキリのメス

オスの方がメスより触角が長い

脱皮不全（左後ろ脚が
曲がってしまった状態）

Q9

失った脚は復活しますか？

チョウセンカマキリ　俺は生まれたばかりの頃に、天敵に脚を食われてしまったことがあるけど復活したよ。

オオカマキリ　脱皮時に復活するんだよな。天敵に襲われたりして脚を失っても脱皮時に再生することが可能だが、成虫になってから失うと再生不可能だ。1回の脱皮で完全には回復せず、短い脚と跗《ふ》節（脚の先）の部分が再生するんだ。完全にもとの状態に戻るまでに数回の脱皮が必要で、跗節の数（正常時6本）が減ることも多い。室内で飼われていると、脱皮に失敗して脚が曲がったり、最後に皮を脱ぐ後ろ脚が脱げなかったりすることがよく起きるんだ。ファンのみんなにお願いだ。もし脚が曲がってしまったら、脚が曲がった所から切ってくれ。そうすれば、次の脱皮のときに再生することができるから、頼んだぞ。

Q10

夜になると眼が黒くなる理由は何ですか？

チョウセンカマキリ　オオカマキリや俺らチョウセンカマキリのオスは真っ黒になるけど、他のカマキリのオスで黒くなりにくい種類もいるよ。

オオカマキリ　個眼《こがん》（六角形の筒状の複数の個々の小さな眼）の外周に沿って黒色の色素を上昇させて、複眼《ふくがん》（個眼が束になって集まった眼）全体を黒く変化させるんだ。暗い夜でも光を効率良く集めて、光の拡散を防ぐためと考えられている。目を黒くすることで、夜でも月のわずかな光を利用して、夜に活動する夜行性の昆虫を捕食したり、夜にフェロモンを出してオスを誘引するメスを見つけたりすることができるんだ。暗闇の中で1時間くらいで黒く変化させることができるんだぜ。周囲を暗くすることで昼間でも黒色に変化させることができるから、「日周性」と呼ばれる約24時間の周期性によって変化させているわけではないことがわかるだろ。だから夜に明るい部屋にいても、俺たちの眼は黒くならないぞ。

チョウセンカマキリ

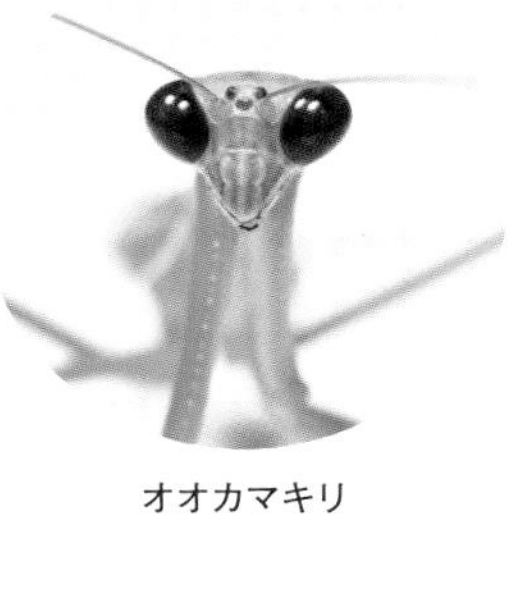

オオカマキリ

Q11

いつもこっちを見てくれているように見えるのはなぜですか？

正面から見える偽瞳孔

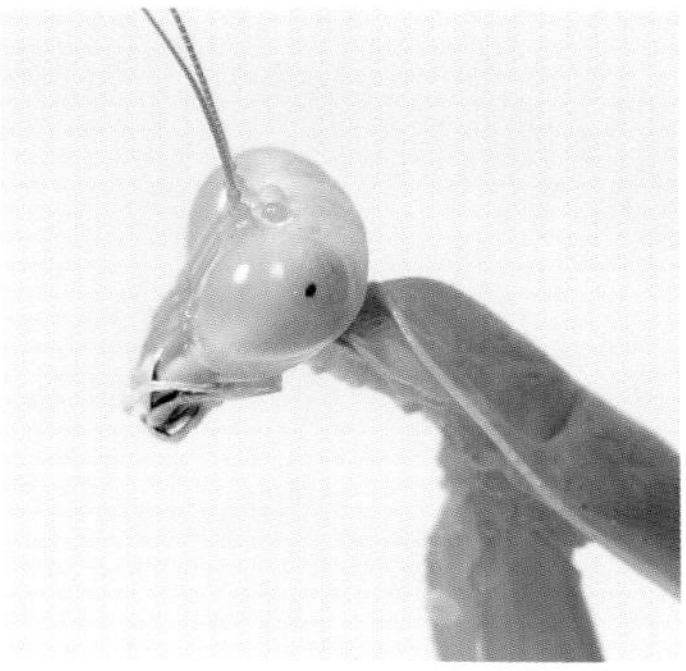

横からも見える偽瞳孔

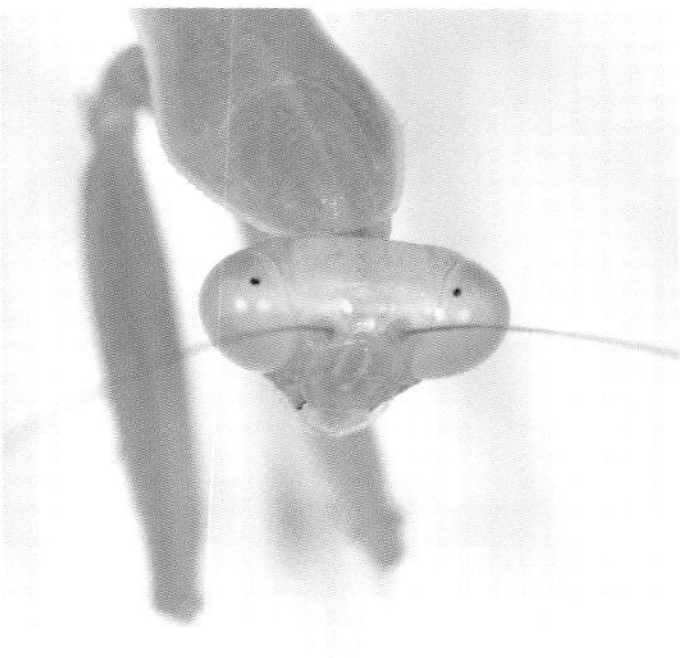

上からも見える偽瞳孔

オオカマキリ　人間の瞳孔《どうこう》のように見える黒い点のことを「偽《ぎ》瞳孔《どうこう》」と言うんだが、ファンのみんなが見る角度を変えても黒い点（偽瞳孔）がついてくるから、いつもみんなを見ているように見えるんだ。カマキリの眼には個眼がたくさん集まっていて、個眼は光を反射して色がついて見えるが、みんなが見ている中心部分の個眼だけが個眼の最深部の光が反射されずに暗いから黒く見えるんだ。つまり、俺たちカマキリが自分で偽瞳孔を動かしてみんなを見ているんじゃない。ファンサービスで見ているわけではないことを知って、がっかりしたファンがいたら申し訳ないが。

人間が工作した
偽瞳孔
（イメージ）

オオカマキリの卵鞘

〈Q12〉

カマキリの昆虫食はありますか？

オオカマキリ　この件に関しては、俺は答えたくない。

ハラカマ・コカマ　リーダーと同じく、答えたくないです。

チョウセンカマキリ　では、俺が回答するよ。人間がカマキリを素揚げにして食べることはあるらしい。また、古くから「桑《そう》螵蛸《ひょうしょう》」と呼ばれる漢方として利用しているようだ。カマキリ（オオカマキリ・ハラビロカマキリ・コカマキリ）の卵鞘を採取し、30～40分蒸して卵を殺してから乾燥させたもので、たんぱく質・脂肪・鉄・炭水化物・カルシウムなどを含んでいるらしい。桑螵蛸は、腎臓と肝臓の動きを助けてくれ、効能としては精力増強、小児の夜尿症・頻尿改善、帯下改善、めまい、腰痛などにも効くみたいだよ。

オオカマキリ　まー、人間の役に立っているわけだからよしとするか。

〈Q13〉

秋になると、カマキリが道路でひかれてしまうのはなぜですか？

オオカマキリ　これもテンションが下がる質問だな。

コカマキリ　それじゃ、僕がかわりに答えますよ。ひかれる理由は3つ考えられますねー。第1に、写真のようにハリガネムシに操られて行動をコントロールされているときに道路を横断して、車にひかれてしまうパターン。第2に、秋になるとオスは活発的にメスを探し回るので、草地から出てしまうことが多く、それでひかれるパターン。第3に、カマキリは変温動物（気温に合わせて体温が変化する生きもの）だから、秋が深まって朝晩の気温が低下すると活発に活動することができなくなるので、温かい道路に出て来てひかれる。以上っす。

ハラビロカマキリ　嫌な写真出して来ないでくださいよぉ～。

ヒメカマキリ　私たちは体温調節のため、気温が低下する秋から晩秋にかけて暖かいコンクリートや壁にくっついていることが多くなります。これは、カマキリ以外の昆虫でも見られる現象です。

ハリガネムシに操られ車にひかれてしまったハラビロカマキリ

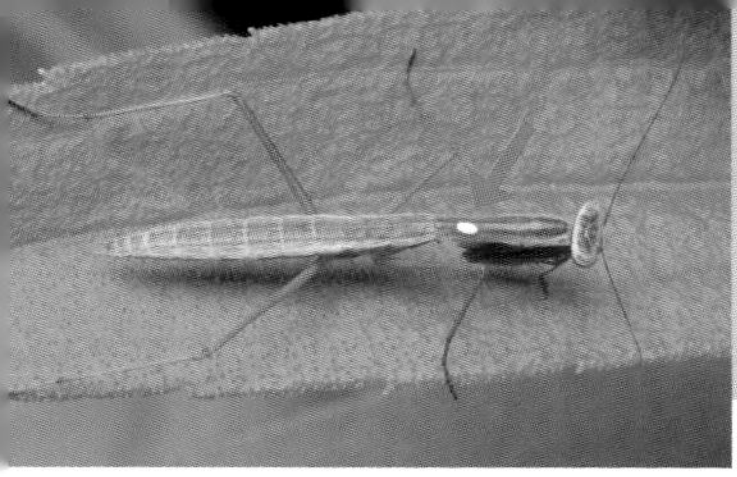

カマキリヤドリバエに卵を産みつけられたオオカマキリの若齢幼虫

Q14

カマキリの体についている白いものは何ですか？

ハラビロカマキリ　左上にオオカマリーダーが嫌がる写真が出ているので、自分が答えますね。白いのはカマキリヤドリバエという寄生バエの卵です。蛹《さなぎ》で越冬したヤドリバエが春に羽化して、カマキリの若齢幼虫の体に産卵します。白い卵から孵化したヤドリバエ幼虫は、カマキリの体を食い破って体内に入り、寄生します。カマキリの体内で成長した幼虫は夏頃に体内から脱出し、土の中で蛹になります。秋になって蛹から羽化したヤドリバエは、成長が進んだカマキリに産卵し、孵化した幼虫は体内に寄生します。成長した幼虫は体内から出て、蛹で越冬し、翌春またカマキリに寄生するサイクルで生活しています。寄生されたカマキリは弱って死んでしまうこともありますが、すべて死ぬわけではないのでご安心を。

カマブラファンクラブ事務局 トレンドニュース

九州発！「伝説のモリカマキリ（コカマキリの緑色型）が降臨～」

地上徘徊性のコカマキリの体色は通常、地面や落ち葉に擬態した褐色～黒褐色ですが、緑色のコカマキリが目撃されています。現在見つかっている緑色の個体はメスだけのようです。写真は、九州地方で発見された卵鞘と成虫です。体長が80mm以上とチョウセンカマキリのような大きさまで成長したそうです。通常、コカマキリは卵鞘から一斉に孵化しますが、緑色型の卵鞘から2週間かけて10～20匹程度の幼虫がバラバラのタイミングで孵化したという、単為生殖（メスがオスと交尾をせずに単独で子をつくること）時に起きる現象が報告されました。緑色型の生息数は非常に少なく、メスしかいないのかもしれませんが、よくわかっていません。褐色のオスとも交尾をするようです。

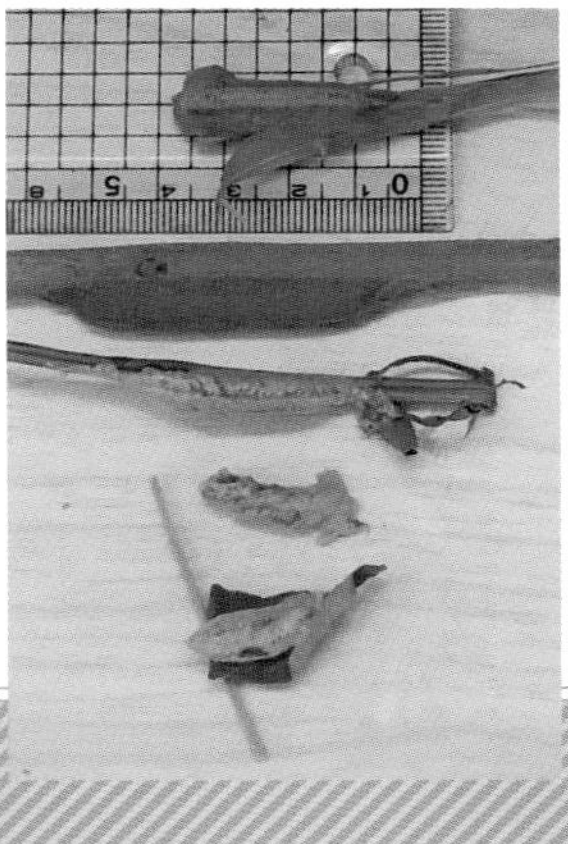

緑色型のコカマキリが産卵した卵鞘

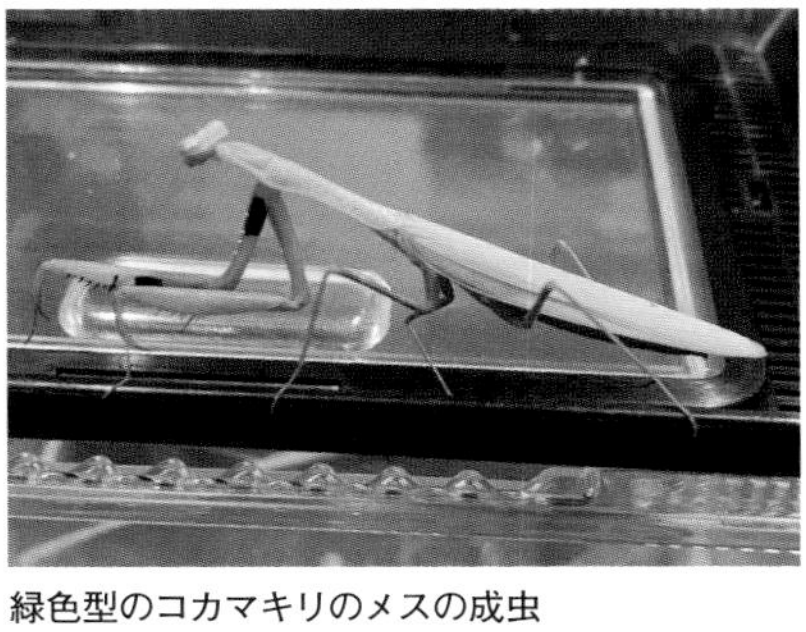

緑色型のコカマキリのメスの成虫

オオカマキリ

胸もとの黄色の紋と
広げた翅の黒色のまだら模様。
体は誰より大きく力強い！

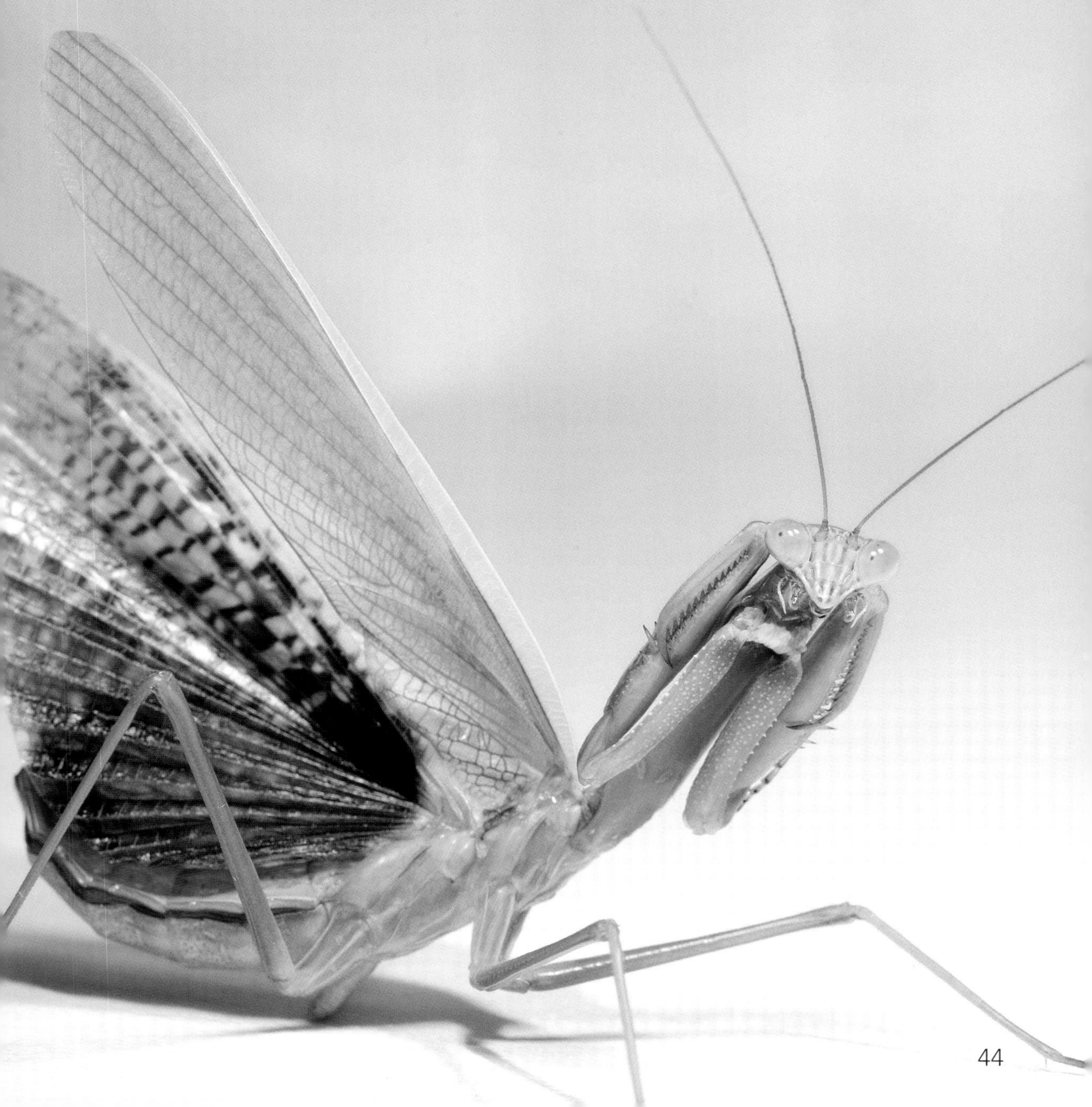

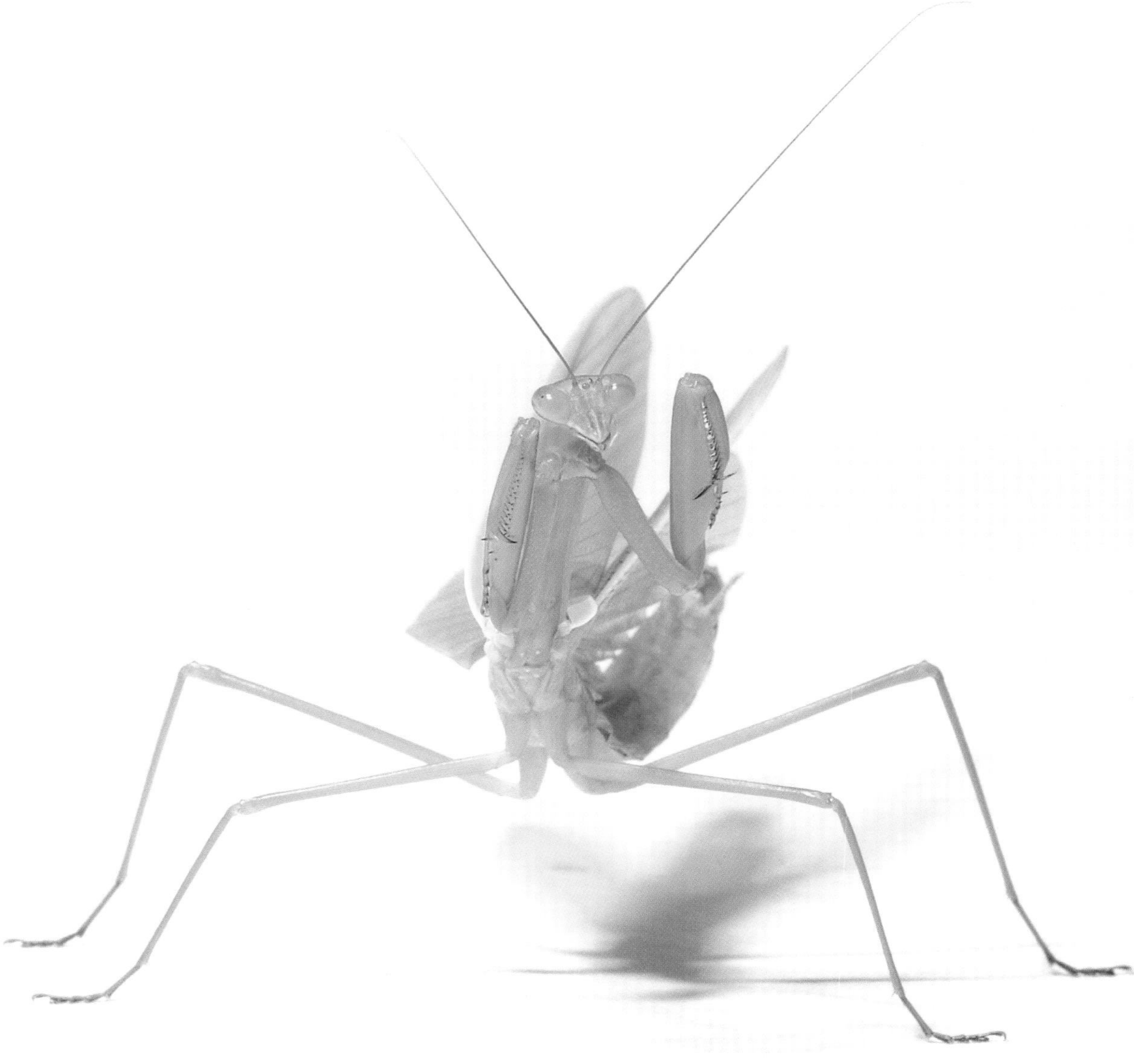

チョウセンカマキリ

胸もとに輝く美しいオレンジ色の紋。
この輝きだけは、オオカマリーダーには負けたくない！

ハラビロカマキリ

赤・黒・黄のカラフルな色を持つド派手ファッション。
体の大きさでは負けるけど、色の絶妙コーディネートは
誰にも負けないファッションリーダー！

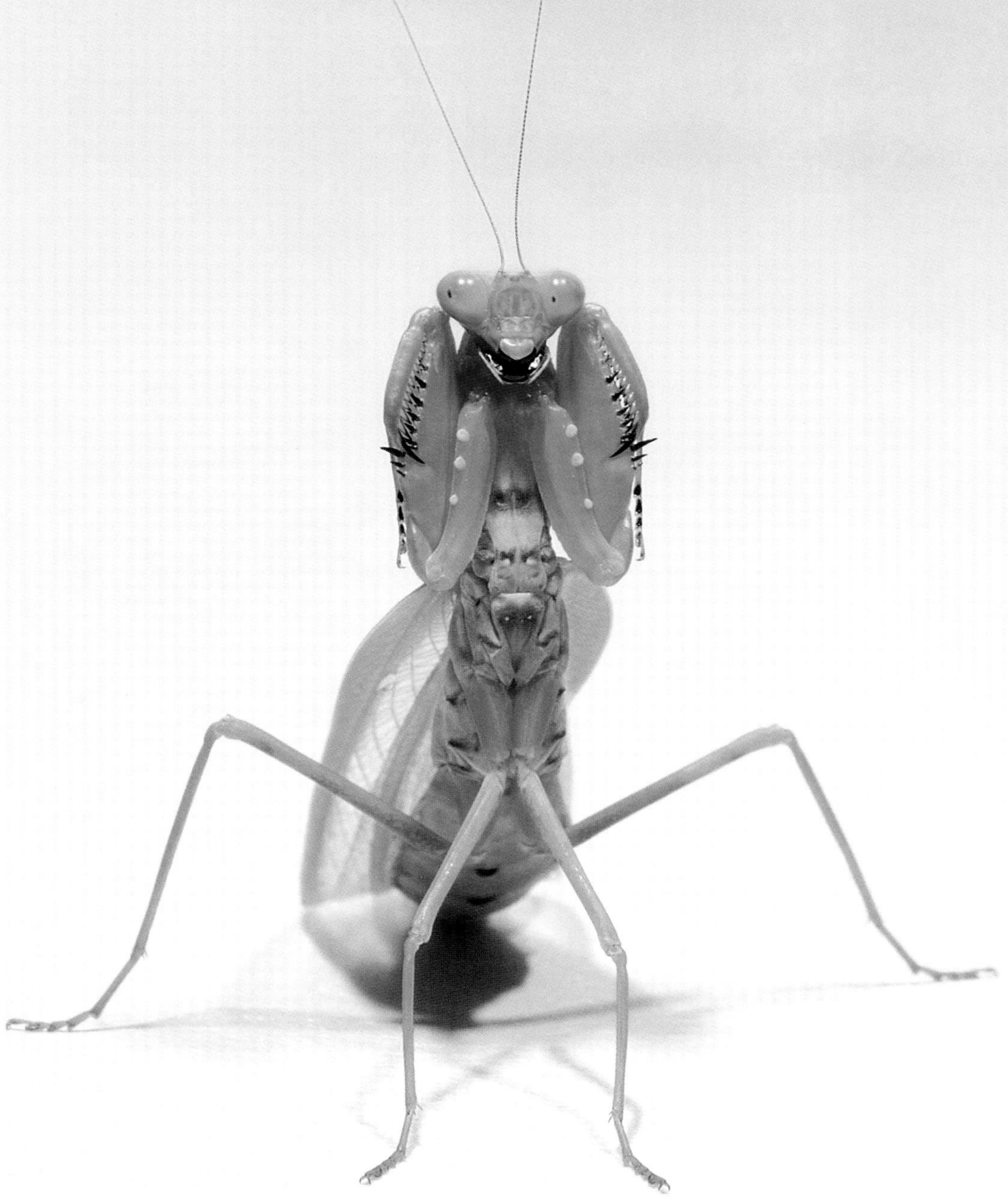

コカマキリ

前脚の内側にある
黒に白の派手な目玉模様。
ときにはこの模様を見せて勇敢に戦うのだ！

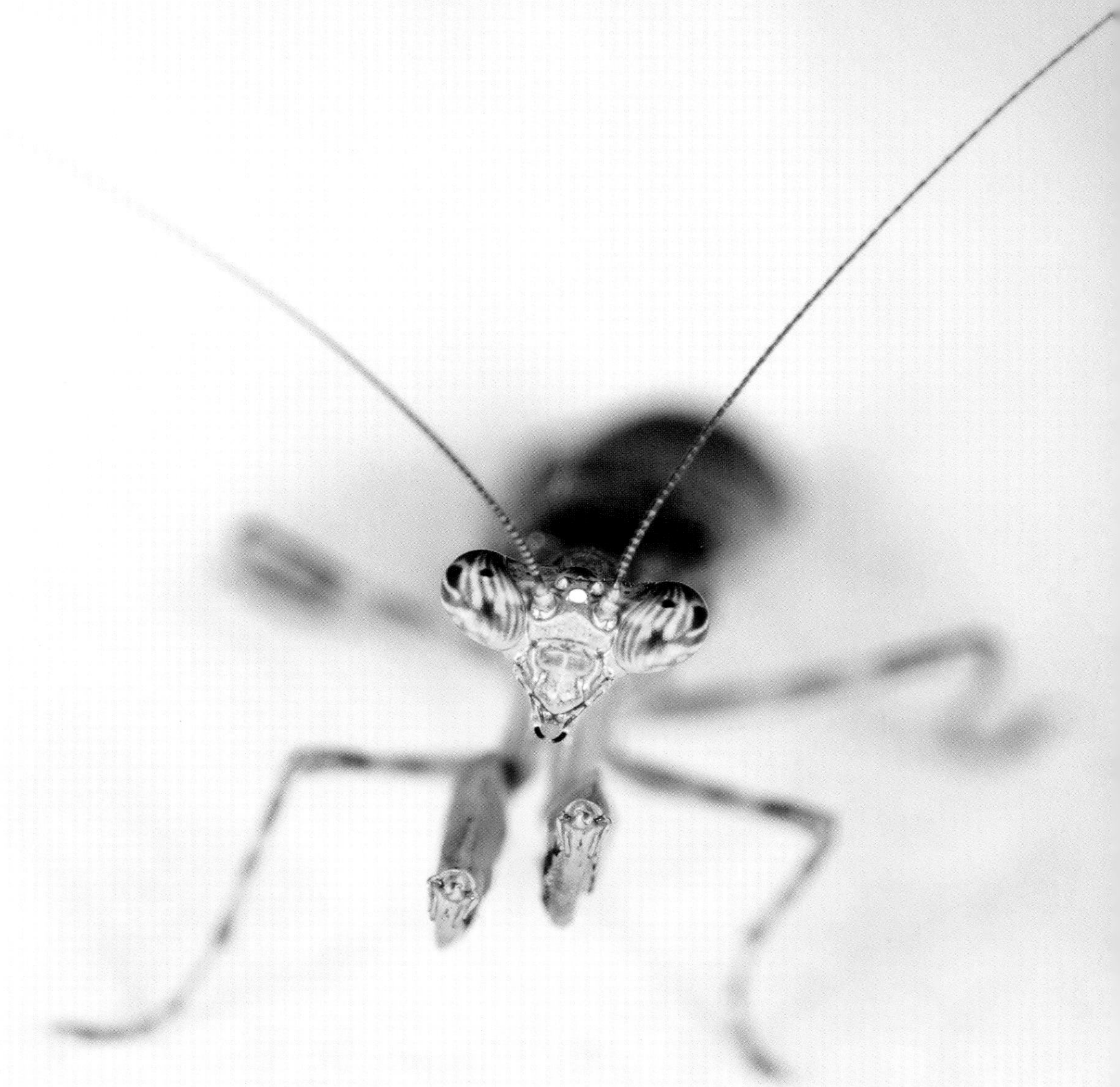

ヒメカマキリ

見よ！この目ヂカラを。
宇宙人のような不思議な瞳に吸い込まれそう〜

カマブラ草むらライヴに完全密着

取材班が、カマブラのリアルすぎる裏側に密着しました。

擬態《ぎたい》——カマブラを探せ！

ハチのような毒を持つ昆虫類は派手な色彩（警告色：赤・黒・黄色など）で天敵に自分が危険であることをアピールします。一方で、そのような防衛策を持たないカマキリは、周囲の環境に溶け込み、天敵に対して見つからないようにすることで自分の身を隠します。そのため、カマキリ類は植物の葉や枝などに擬態することで生存率を高めているのです。

次ページの写真は、カマブラの擬態です。ここまで巧妙に擬態したカマキリを容易に発見するのは、視覚・色覚の発達した人間ですら困難な場合があります。さぁ、カマブラがどこにいるのか探してみよう！

擬態——カマブラを探せ！

初級

1

2

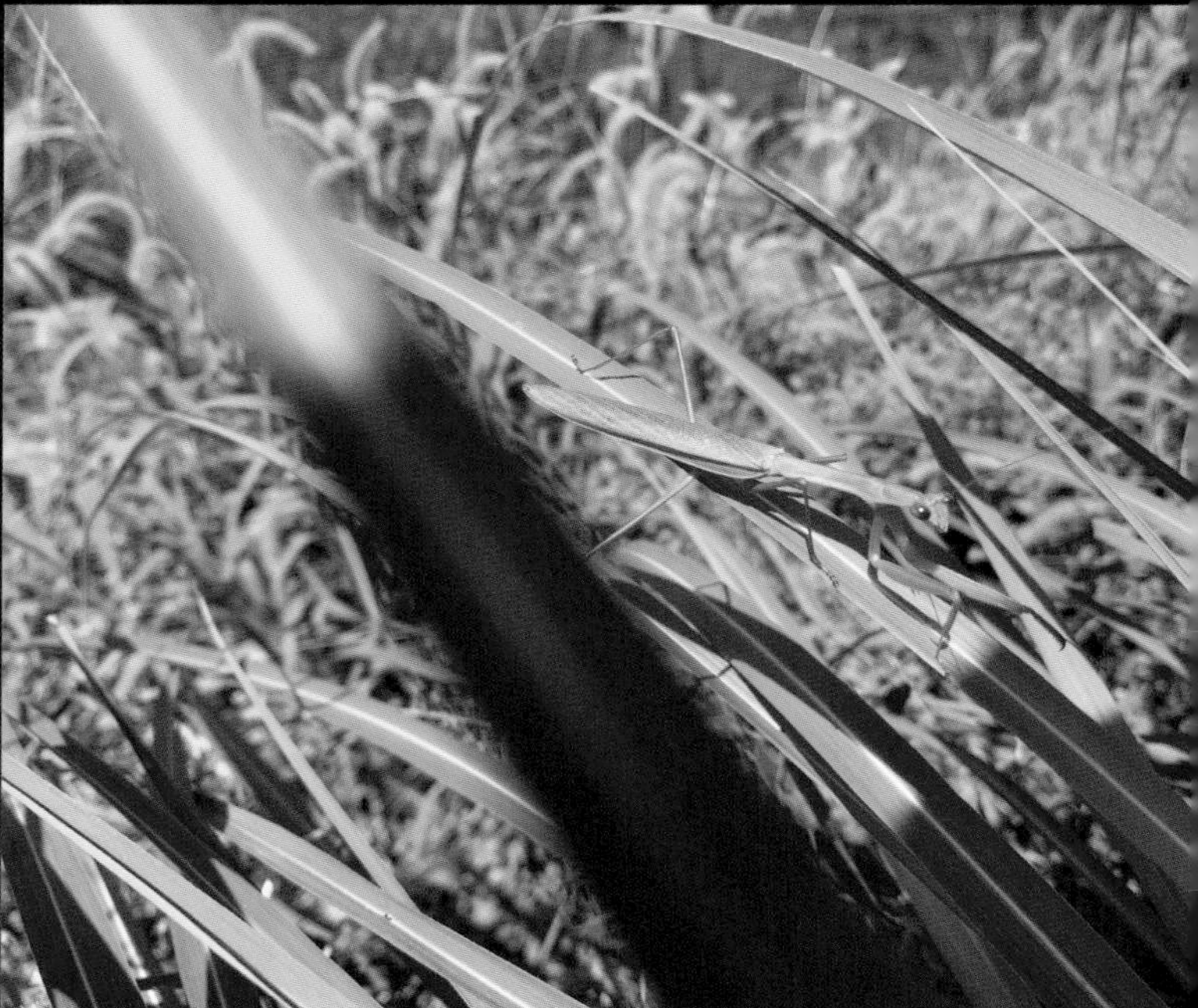

3

4

5

擬態——カマブラを探せ！

上級

6

7

8

9

【初級 答え】

① オオカマキリ：
枯れた葉と緑の葉に
紛れた見事な擬態

③ ハラビロカマキリ：
発見が少し困難なハラビロカマキリの
オスの見事な植物体への擬態

② チョウセンカマキリ：
細い体を細い葉の形状に見事にマッチさせた擬態

⑤ ヒメカマキリ：
個体数が少なく、体が小さいので見つけにくい。樹上で葉に上手に似せた擬態

④ コカマキリ：
見つけるのは非常に困難。地面や落ち葉に見事に似せた擬態

【上級 答え】

⑥ コカマキリ：
見事に落ち葉に擬態したコカマキリのオスの成虫。こちらを見ている

⑦ コカマキリ：
朽木の割れ目でじっとエサを待つ１齢幼虫

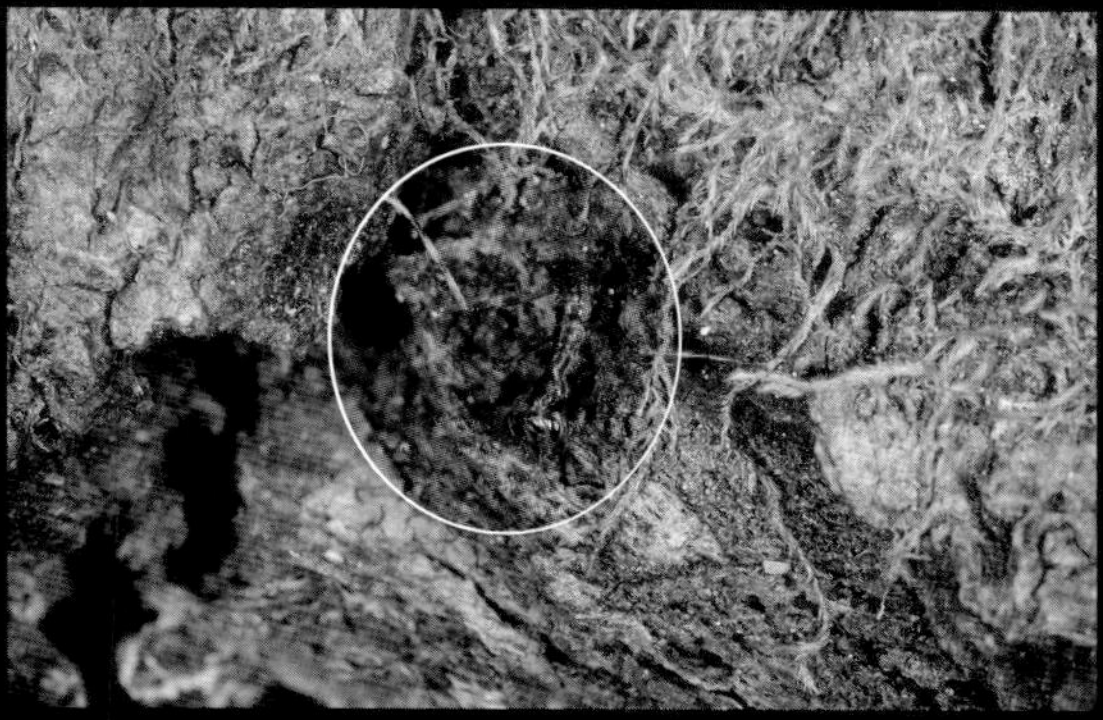

⑨ オオカマキリ：
緑の植物体に擬態する緑色型のオオカマキリのメスの成虫

⑧ オオカマキリ：
褐色の色を活かした見事な擬態をするオオカマキリのメスの成虫

このようにして、カマキリは自分の体色や体の大きさに合わせて天敵に見つからないように動かずに生活しています。エサが採れずに空腹状態になるとエサ場を変えるために動きますが、必ずと言っていいほど風が吹いたときにユラユラ揺れながら移動します。これは、風で揺れる葉に擬態した「行動擬態」と呼ばれています。このようなユラユラ行動は、エサを捕獲したときやグルーミングのときにも頻繁に見られます。カマキリは動くときも天敵に自分が葉であることをアピールしているのです。また、カマキリ同士でも共食いをするため、適材適所の場所を選択し、住みわけをすることで共存共栄しています。

擬《ぎ》死《し》——カマブラは死んだふりをする

図鑑などでカマキリがカマを広げて怒ったポーズをするのをよく見るので、カマキリは天敵と出会ったとき、威嚇のポーズをして身を守ると考える人が多いと思いますが、幼虫カマキリや体の小さなカマキリはそのようなことはしません。実は、死んだふりをするのです。死んだふりは、専門用語で「擬死」といいます。

❶オオカマキリの幼虫

❷オオカマキリの幼虫

❸チョウセンカマキリの幼虫

❶オオカマキリの幼虫の擬死（段階1）：触角を前方に向け、前脚を前方に伸ばし、擬死のポーズをとっていますが、体を葉にくっつけておらず、自身の影が葉に映っているので、警戒中の段階です。

❷オオカマキリの幼虫の擬死（段階2）：段階1からさらに天敵が近づき、葉から飛び降りて仰向けになったまま死んだふりをしている擬死の最終段階です。

❸チョウセンカマキリの幼虫の擬死：前脚と触角を前方に伸ばし、体の影を消す完璧な擬死ポーズ。さらに天敵が接近してきたら、葉から飛び降りるでしょう。

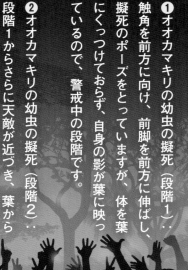

❹ヒメカマキリの成虫

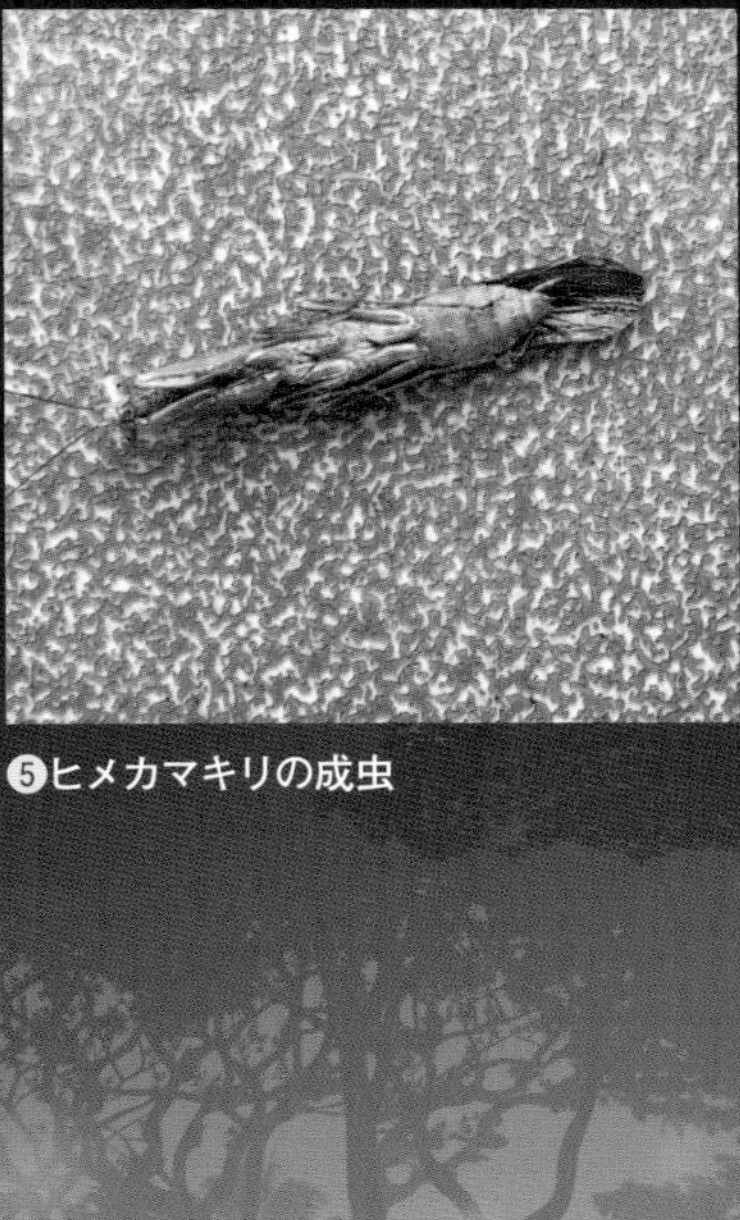

❺ヒメカマキリの成虫

❹ヒメカマキリの擬死（段階1）：前脚を胸に折りたたみ、体を平べったくして自分の影を消す。こちらも見事な擬死ポーズ。

❺ヒメカマキリの成虫の擬死（段階2）：段階1からさらに天敵が近づくと、葉から飛び降りて地面で裏返ったまま擬死を続ける、まさに死んだふり。

写真のように、前脚と触角を前方に伸ばし、中脚と後脚は後方に伸ばし、葉に体をくっつけます。ヒメカマキリの場合は、前脚を胸にたたんで平べったくなる姿勢をとります。このようにして、自分を枝のように見せかけ、また葉に映る自身の影を消すことで鳥などの天敵に見つからないようにしています。これは、「カウンターシェーディング」と呼ばれる擬態の1つです。

カマキリが天敵を発見し、死んだふりのポーズをとり始め、さらに天敵が近づいて来ると小刻みに体を左右に震わせます。その理由はまだよくわかっていません。そして、さらに天敵が近づいて来ると、カマキリは葉から飛び降りて、地面の上で死んだふりポーズを続けるか、すごいスピードで逃げます。もしかすると、素早く逃げるために体を震わすことで一時的に代謝を上げているのかもしれません。それくらい動きが機敏になります。そして、いったん擬死のポーズに入ると数分この状態が続きます。通常の状態に戻って、その直後カマキリに触れると、また擬死のポーズをとります。死んだふりモードに入ったカマキリは、少しの刺激でも過剰に反応し、ビクビク状態です。

ただいま威嚇中！

通常の姿勢

天敵のカナヘビが近づき、威嚇姿勢をとるハラビロカマキリ

オオカマキリのメスの成虫

オオカマキリのメスの成虫

成長したカマキリは、自分より大きい天敵が近づいて来ると、死んだふりをせずに威嚇のポーズをとるようになります。威嚇のポーズは、体を立ち上げて触角を前方に出し、両前脚を広げて翅を広げます。このようなポーズには、天敵に対して体を大きく見せる効果があります。そして、普段自分の身を隠すために見せている背中側とは異なり、腹側は赤や黒、黄色といった警告色と呼ばれる派手な体色を持ちます。急に立ち上がり、この派手な色を見せることで天敵を驚かす効果があるのです。特に鳥は、突然色が変わることで驚く習性を持っているので、効果的だと考えられています。威嚇行動があまり見られない若齢期のカマキリには、このような警告色はほとんど見られません。小さいときと大きく成長したときで、防衛戦略が異なるのです。また、翅を広げて相手を驚かせるための目玉模様のついた翅を持っているものや、翅で警戒音を鳴らしたりする種類も存在します。

ヒシムネカレハカマキリ

チョウセンカマキリのメスの成虫

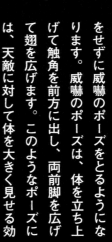

ライヴ会場に行ってみよう

「カマキリはどこにいる?」と聞かれたら、みなさんはおそらく「草むら」と答えるでしょう。しかし、擬態が上手なカマキリを草地から探し出すのは非常に困難です。カマキリがいそうな草地があれば、花が咲いている植物を探してみてください。花には、花粉や花蜜を求めて多くの訪花昆虫(チョウ・ハエ・ハチなど)たちが集まります。カマキリは効率的にエサを捕まえるために、花の近くはうってつけなのです。カマキリは、待ち伏せ型の昆虫で、花の前でじっとエサが飛んで来るのを待っています。

オオカマキリのオスの成虫

オオカマキリのメスの成虫

チョウセンカマキリの幼虫

チョウセンカマキリのメスの成虫

ハラビロカマキリのメスの成虫

ハラビロカマキリの幼虫

エサを捕獲できる場所を見つけると、あまり移動しません。次の日も同じ場所にいることがよくあります。このカマキリの習性を知っていれば、意外と簡単にカマキリに会えるようになるかもしれません。

アサギマダラ

ヒラタアブ

セイヨウミツバチ

アゲハチョウ

オオセイボウ

クマバチ

ニホンミツバチ

ただいま捕食中!

クマバチを捕食中のオオカマキリのメスの成虫

肉食性のカマキリは、基本的に自分より小さな昆虫を捕食しますが、空腹時には自分より大きな昆虫や小動物（トカゲ・カエル・ヘビ・ネズミ・鳥）なども襲って食べることがあります。海外では、魚を捕獲して食べたという例もあるので驚きです。

カマキリは基本的に、エサ場と決めた葉の上や花などに隠れて動かずに獲物がやって来るのをじっと待つ、待ち伏せ型のハンターですが、空腹時には追尾型のハンターになることもあります。また、ヒメカマキリのような小型種では、追尾型のカマキリが多いです。

シオカラトンボを捕食中のオオカマキリの幼虫

ツマグロヒョウモンを捕食中の
オオカマキリのオスの成虫

ツクツクボウシを捕食中のハラビロカマキリのメスの成虫

ヒナバッタを捕食中のハラビロカマキリのオスの成虫

コカマキリを捕食中のオオカマキリのメスの成虫

【カマキリの捕食 style《スタイル》】

1 葉の上や花の近くで背景にまぎれて
獲物が来るのをじっと待ちます。

2 獲物が近くに来ると、体を揺らしながら
獲物との距離や大きさを見極めます。

3 うかつに近づくと獲物に逃げられてしまうため、
獲物が無防備に動くか、風が吹くのを待ちます。
風が吹くと、葉と共に体を揺らしながら行動擬態の
技を使って見つからないように素早く接近します。

4 射程圏内になると、捕獲体勢に入ります。

5 捕獲後は動作のあとで天敵に見つかりやすいので、
必ず体を揺らしながら風で揺れている葉に
擬態していることをアピールします。

6 捕獲後、相手の動きを止めるために、
基本的に頭部から食べることが多いです。

7 空腹時は、翅や内臓などカマキリが食べない部分を
除いて全部食べます。

8 捕食後、前脚や頭部についた汚れ（鱗粉・体液など）を、
丁寧に時間をかけてグルーミングします。
このときも動きがあるので体を揺らしながら行うことが多いです。

カマブラの恋愛模様

アイドルの俺たちだって恋をする。
カマキリのオスとメスの
見わけ方のポイントを教えるぜ。

by オオカマキリ

Point 1

基本的にメスはオスより体が大きく、産卵のためメスの方が腹部が大きく膨らむ。

Point 2

メスは産卵のためにたくさんエサを食べるので、体が重くて飛翔力が低い。オスはあまりエサを採らず、メスに比べて体重が軽いので、飛翔力が高くてメスを探し回るのに適した体をしているんだ。

Point 3

オスはメスが出すフェロモンを感じ取って探すため、匂いを感じられる触角がメスよりも圧倒的に長いぞ。

Point 4

腹部末端の交尾器を比較すると、両者共に風を感じ取る尾毛が1対ずつあるが、オスにはその内側に小さな尾突起が1対存在する。

オオカマキリの交尾

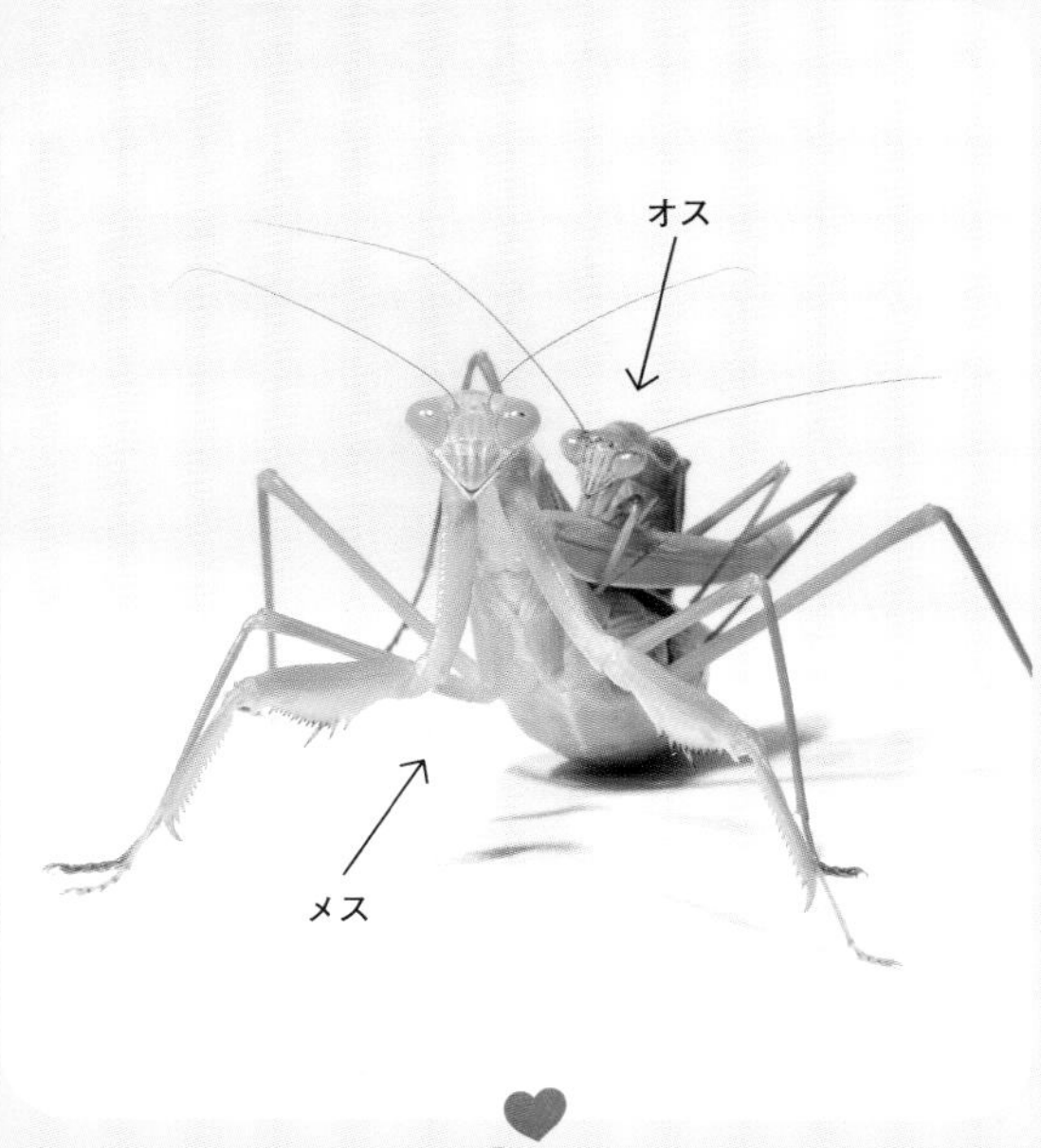

オオカマキリのメスの腹部

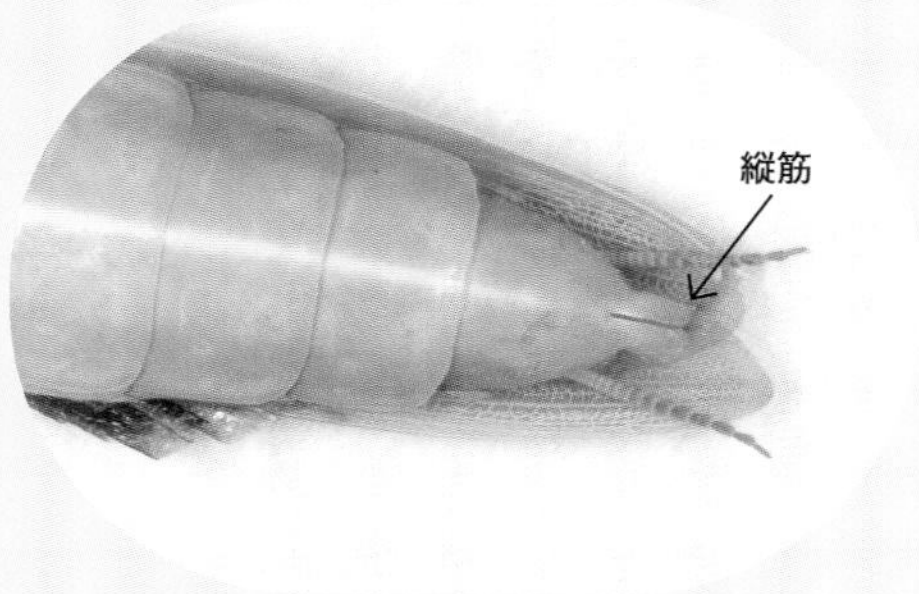

オオカマキリのオスの腹部

Point 5

メスには産卵時に卵を産むための縦筋があるが、オスには筋がない。

Point 6

写真でも比較するとわかるように、オスとメスで腹節（腹部の節）の数が異なり、オスの方が多いため、幼虫期でも見わけることが可能だ。

Point 7

オオカマキリやチョウセンカマキリの場合、オスは混合色（緑色と褐色が混じった体色）になることが多いんだ。

Point 8

オスはエサをあまり食べずにメスを探し回るため、エネルギー消費が激しく、メスに比べて寿命が短い。

ハラビロカマキリの交尾

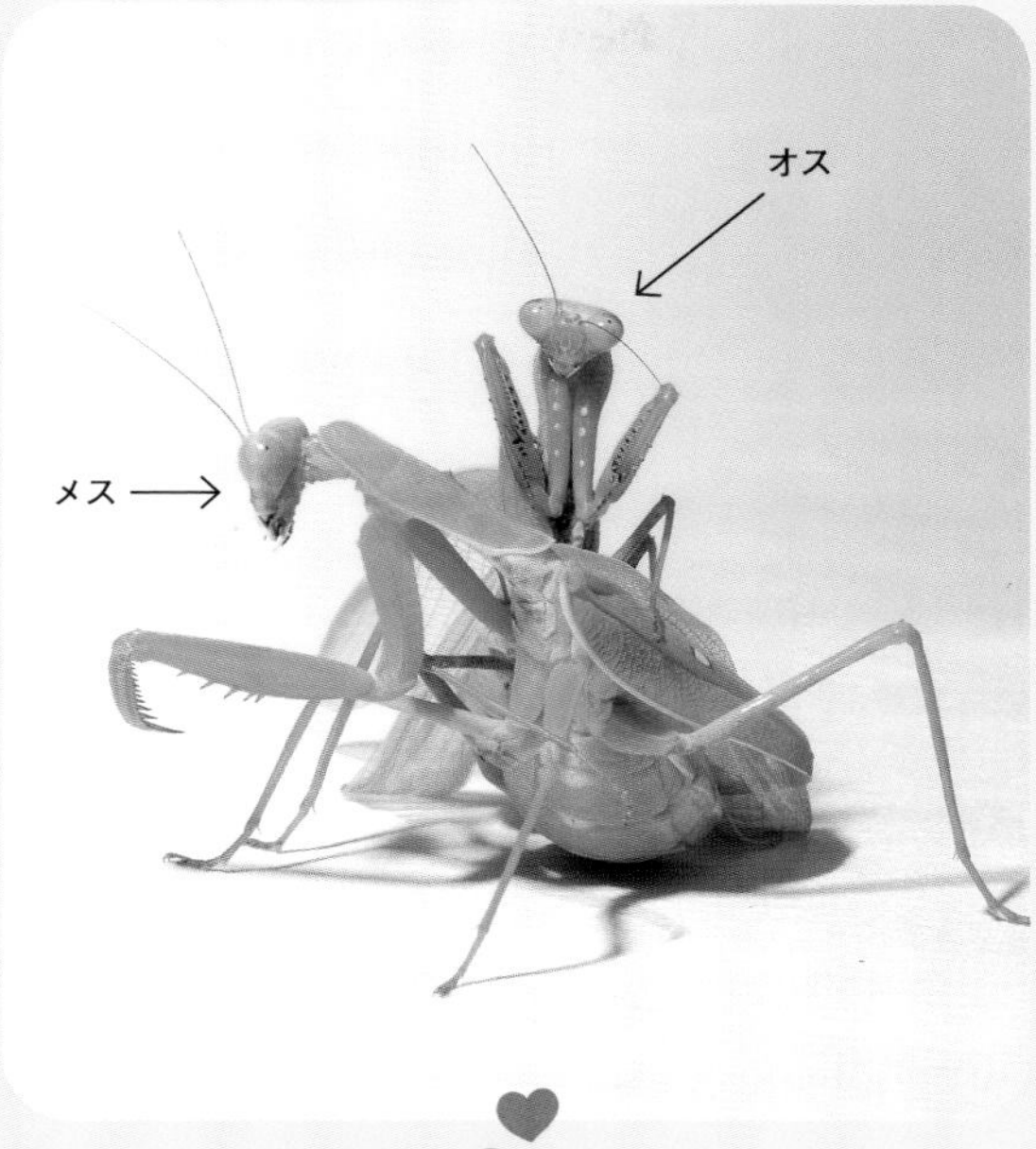

ハラビロカマキリのメスの腹部

ハラビロカマキリのオスの腹部

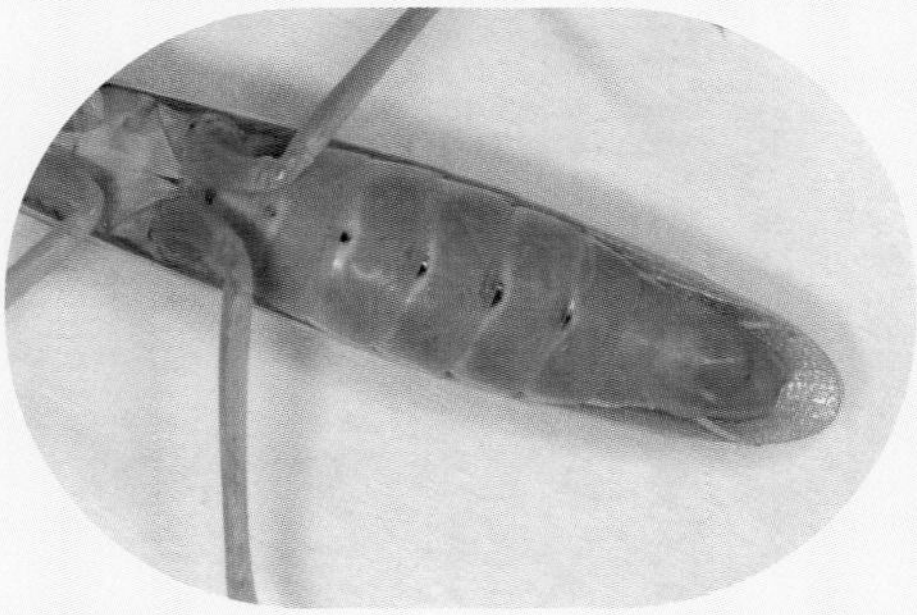

チョウセンカマキリの交尾

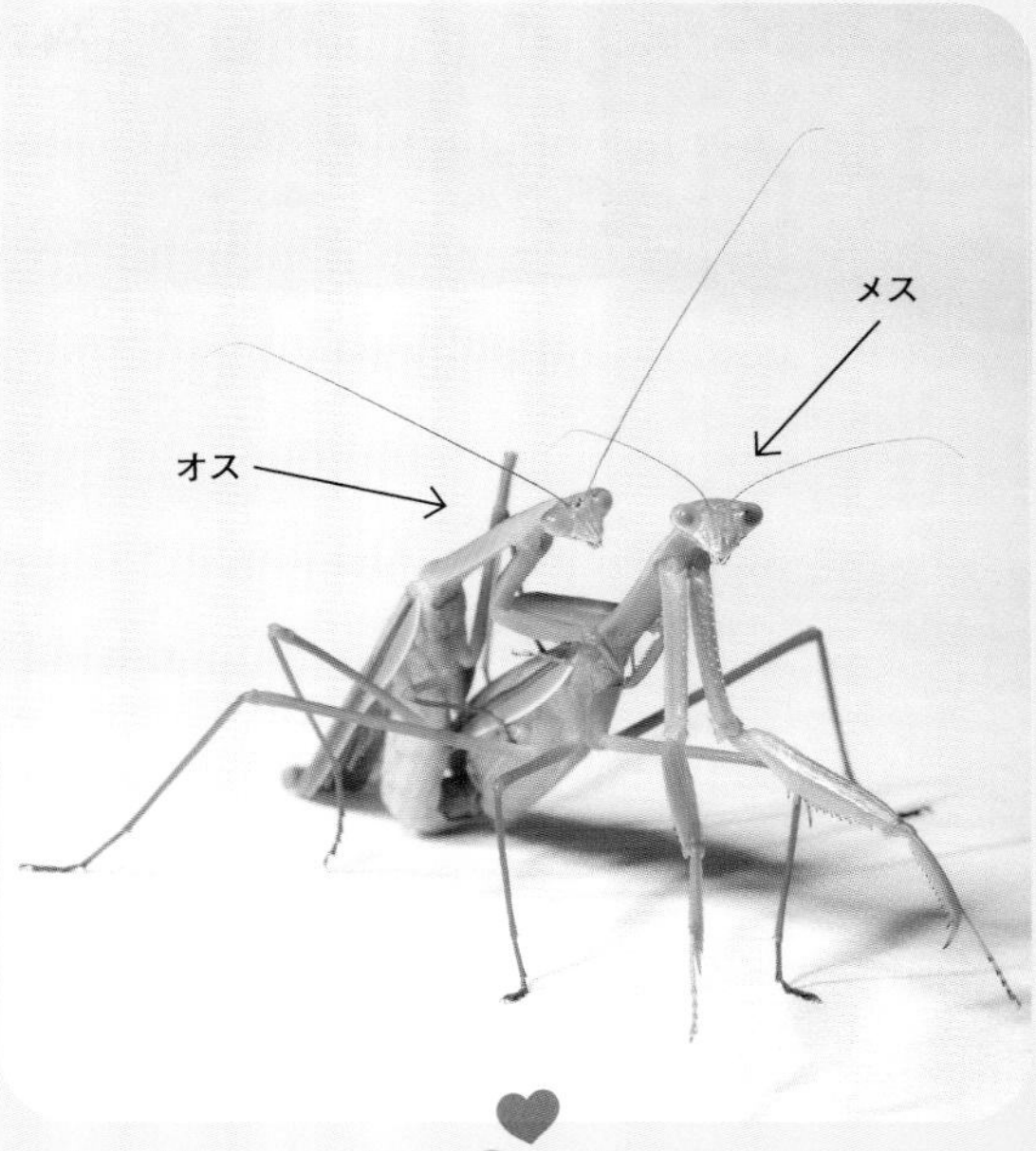

チョウセンカマキリのメスの腹部

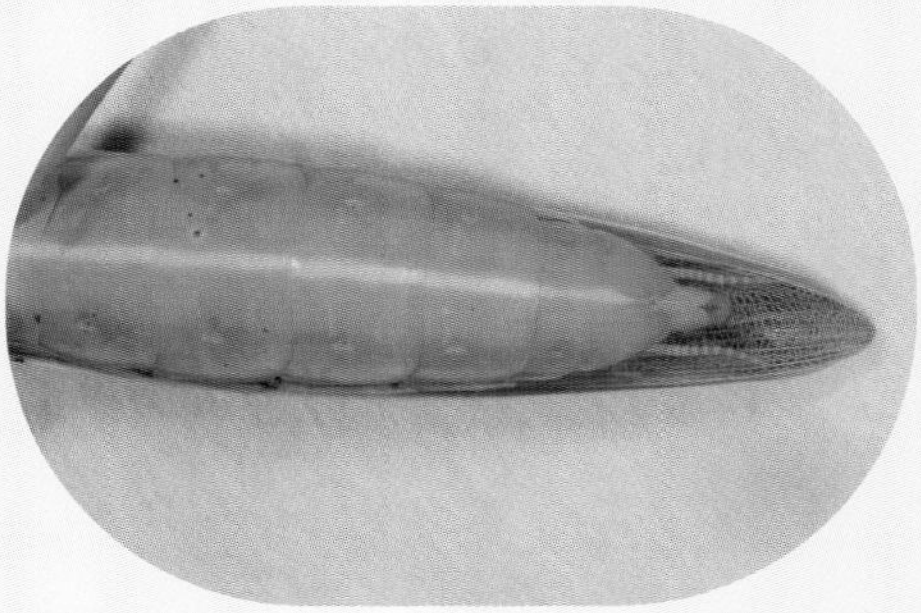

チョウセンカマキリのオスの腹部

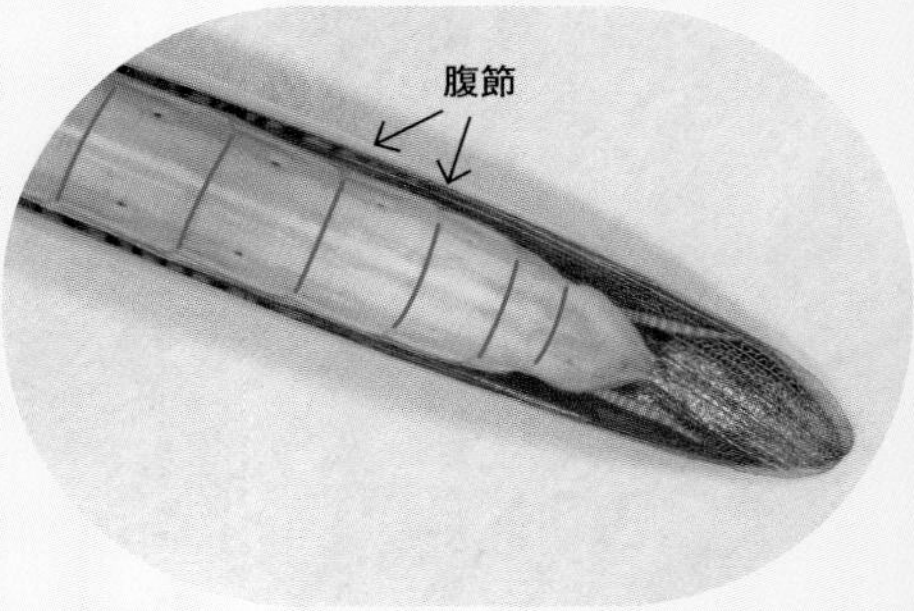

ヒメカマキリの交尾

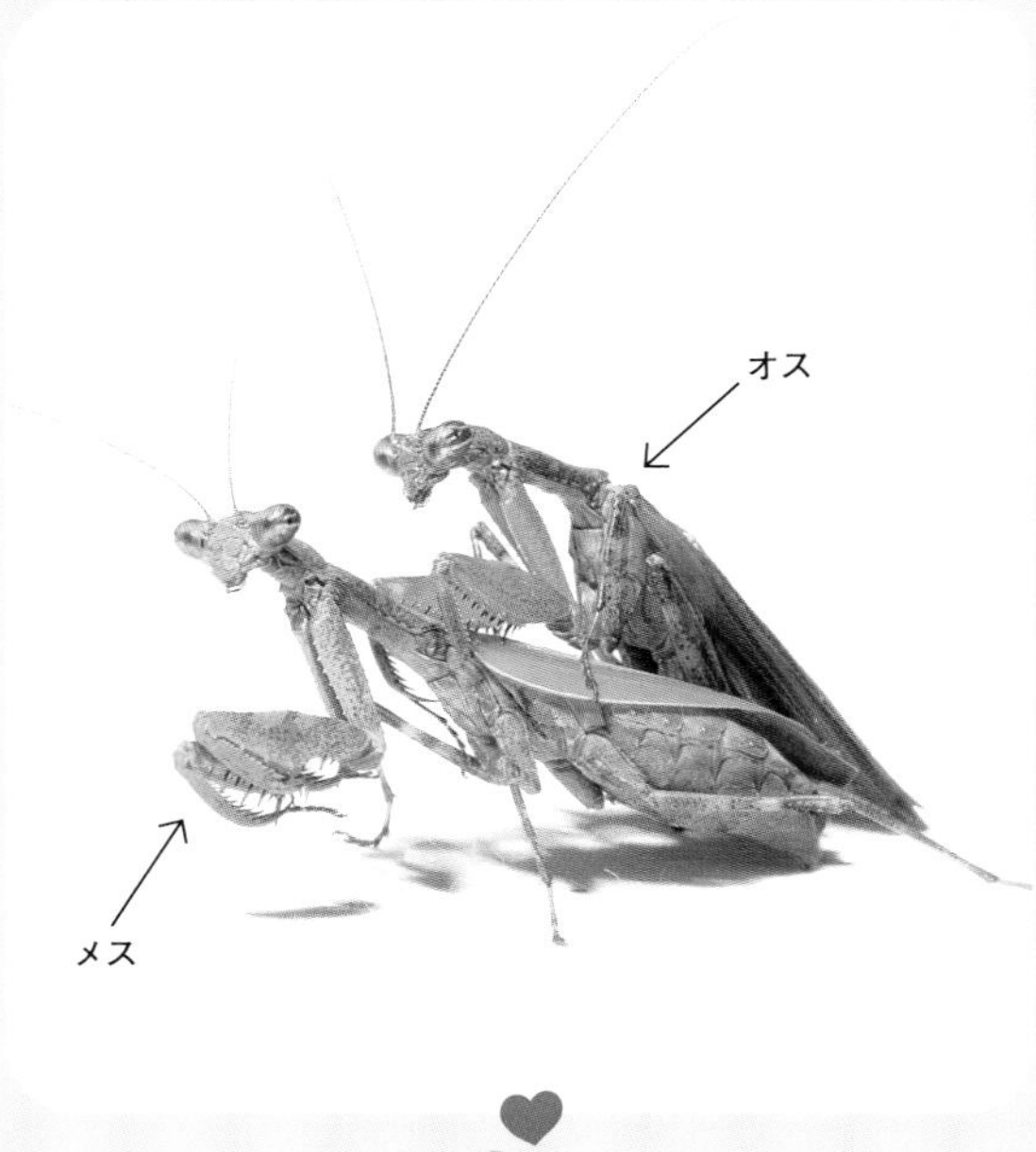

ヒメカマキリのメスの腹部

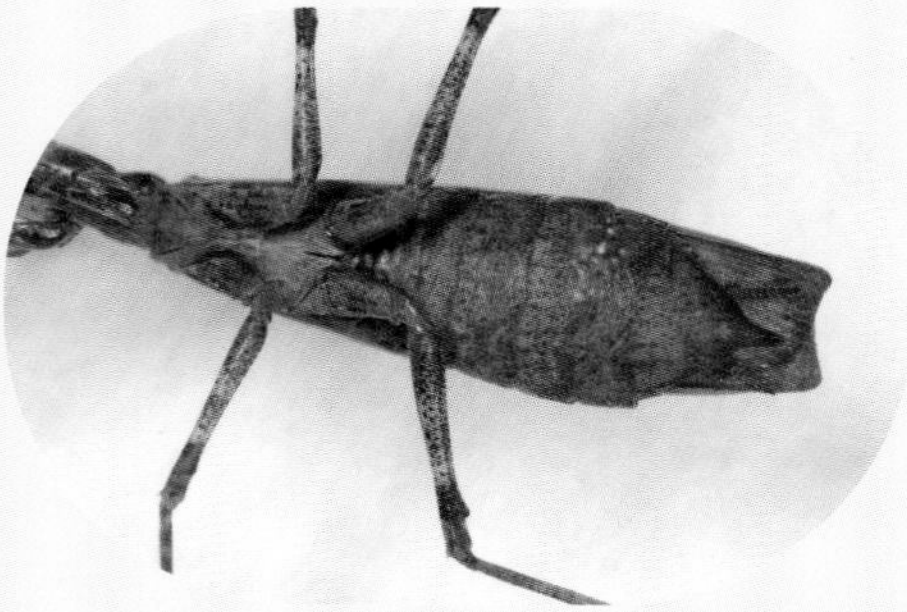

ヒメカマキリのオスの腹部

コカマキリの交尾

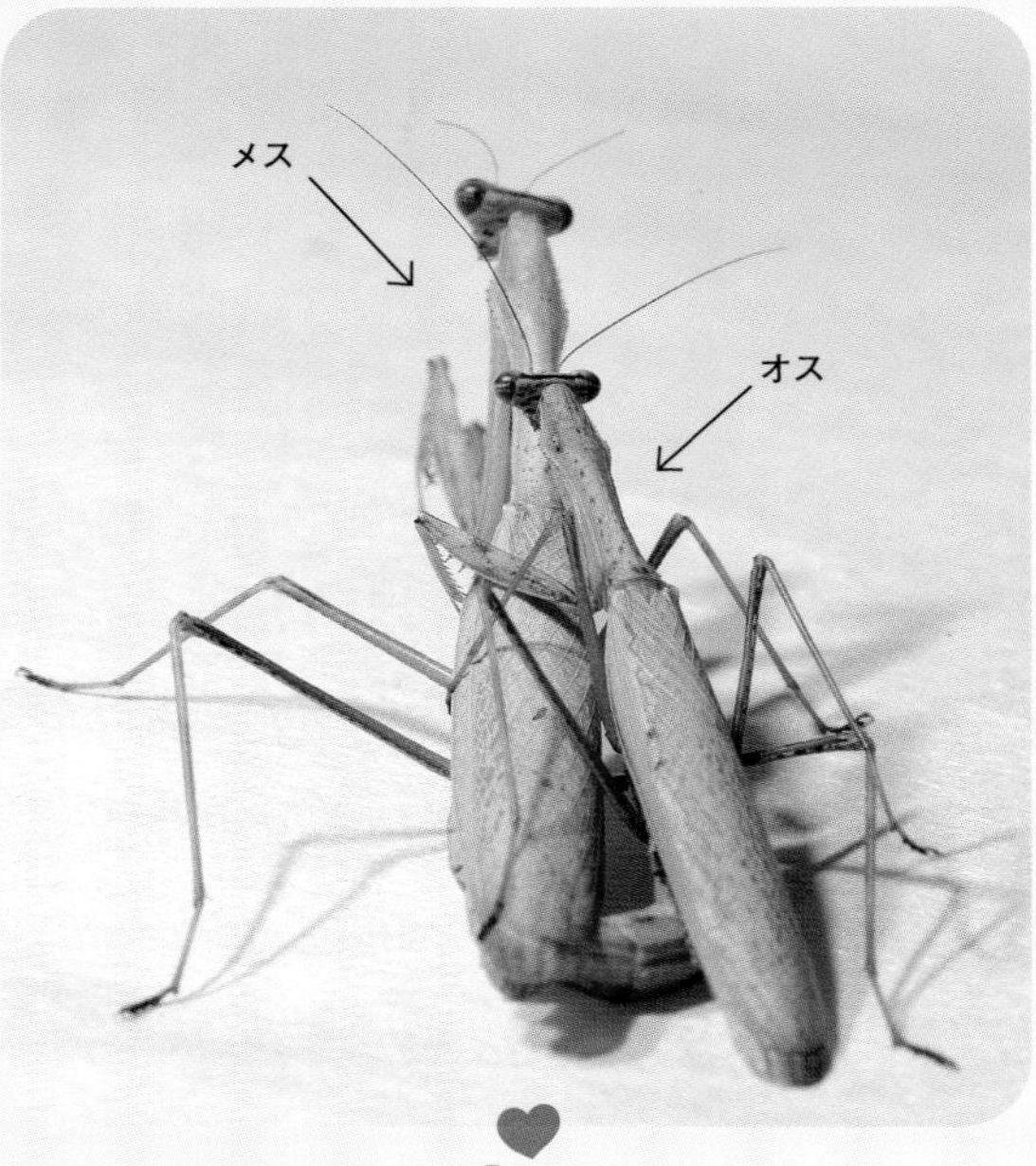

コカマキリのメスの腹部

コカマキリのオスの腹部

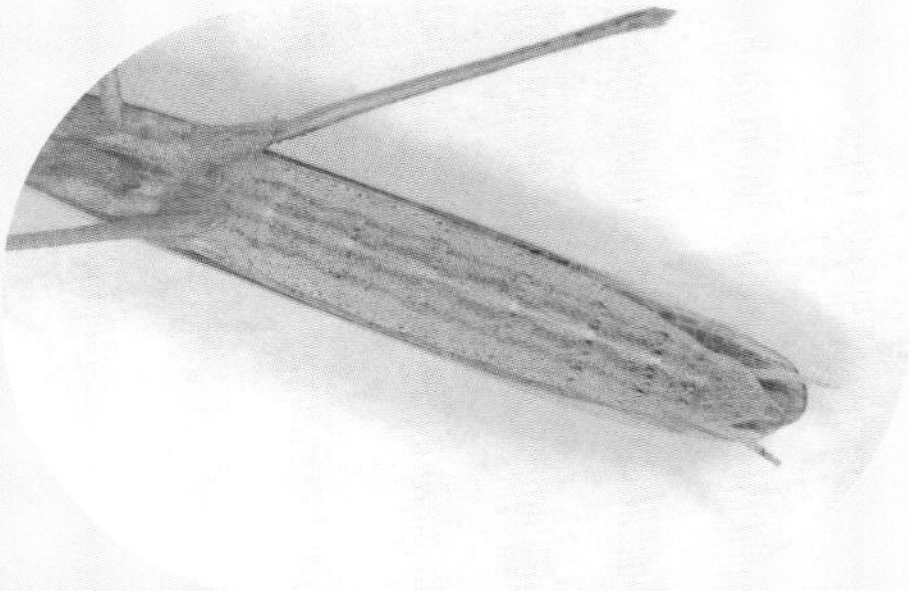

※全種オスは右側から曲げてメスと交尾をします

カマブラの恋愛模様

＼ヒュー、ヒューだよ／

カマブラ LOVE ショット

オオカマキリ

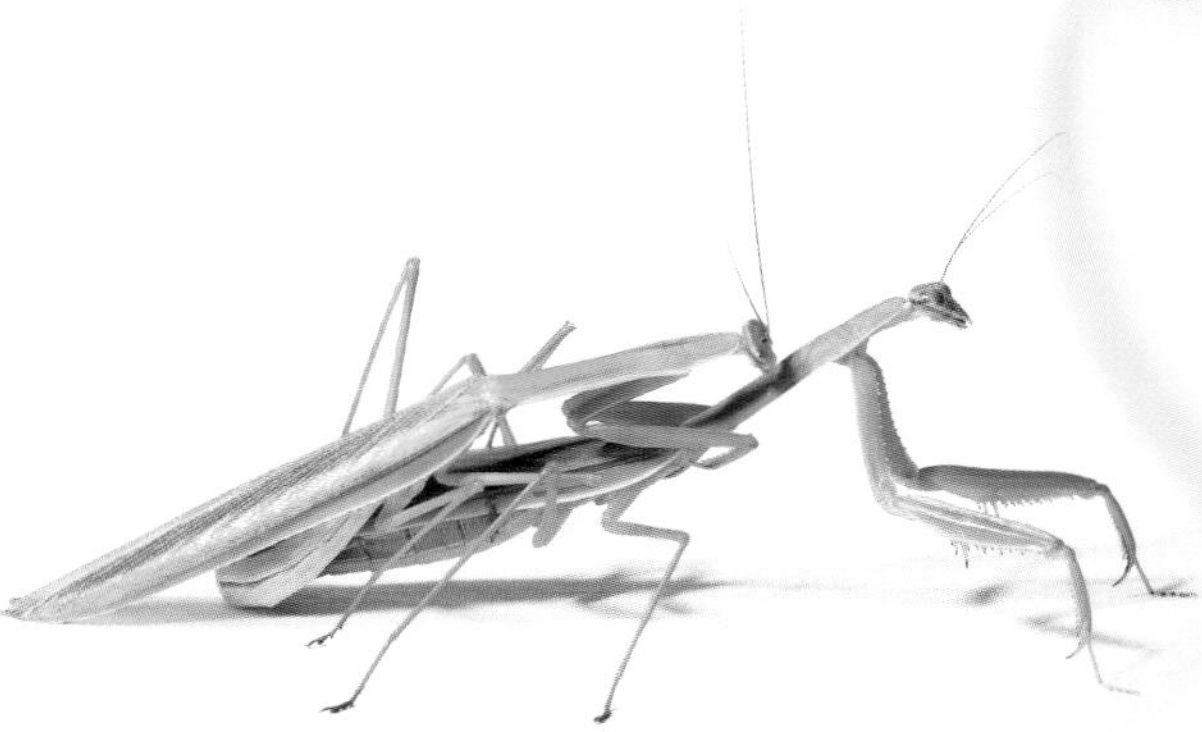

チョウセンカマキリ

ハラビロカマキリ

コカマキリ

ヒメカマキリ

カマブラジュニア誕生秘話

私ヒメカマキリが、
カマブラの弟 & 妹分的な存在の
カマブラジュニアについて
ご紹介させていただきまーす。

ヒメカマ

カマキリの卵は、種類によって大きさや形、色、硬さ、産卵場所が違うので、判別するのは難しくありません。弾力性のあるスポンジ状の卵鞘と呼ばれるもので包まれていて、乾燥や低温・高温、雪や水、鳥などの外敵から中の卵を守っています。私ヒメカマキリの卵鞘は、オオカマリーダーの卵鞘と比べると、とても小さいでしょ。

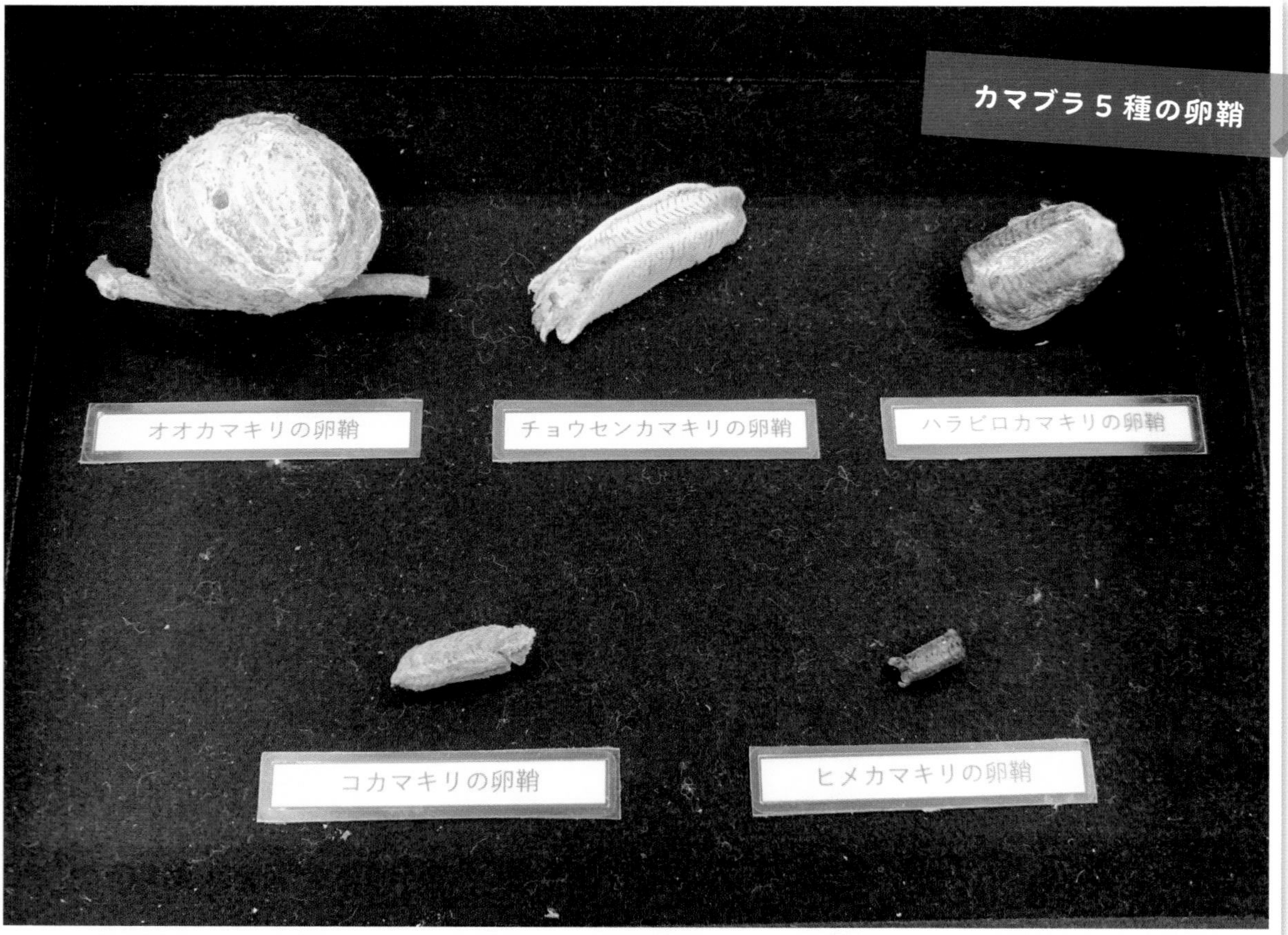

カマブラ 5 種の卵鞘

前幼虫

最初の脱皮

複数ある小さな通路を通って体をくねらせながら前幼虫が卵鞘から糸のようなものにぶら下がって出て来ます。これは幼虫になる前の段階で、薄い皮をかぶった状態で脚や触角がたたまれています。頭のてっぺんには、卵鞘から出て来るときに頭を守るための茶色い頭頂嚢《とうちょうのう》があります。その後、1回目の脱皮をすることで晴れて1齢幼虫になります。

カマキリの仲間は幼虫時、チョウやカブトムシとは違い、イモムシのような姿ではなく、成虫と同じような姿をしているので、不完全変態（蛹《さなぎ》を介して成虫にならない）の昆虫です。

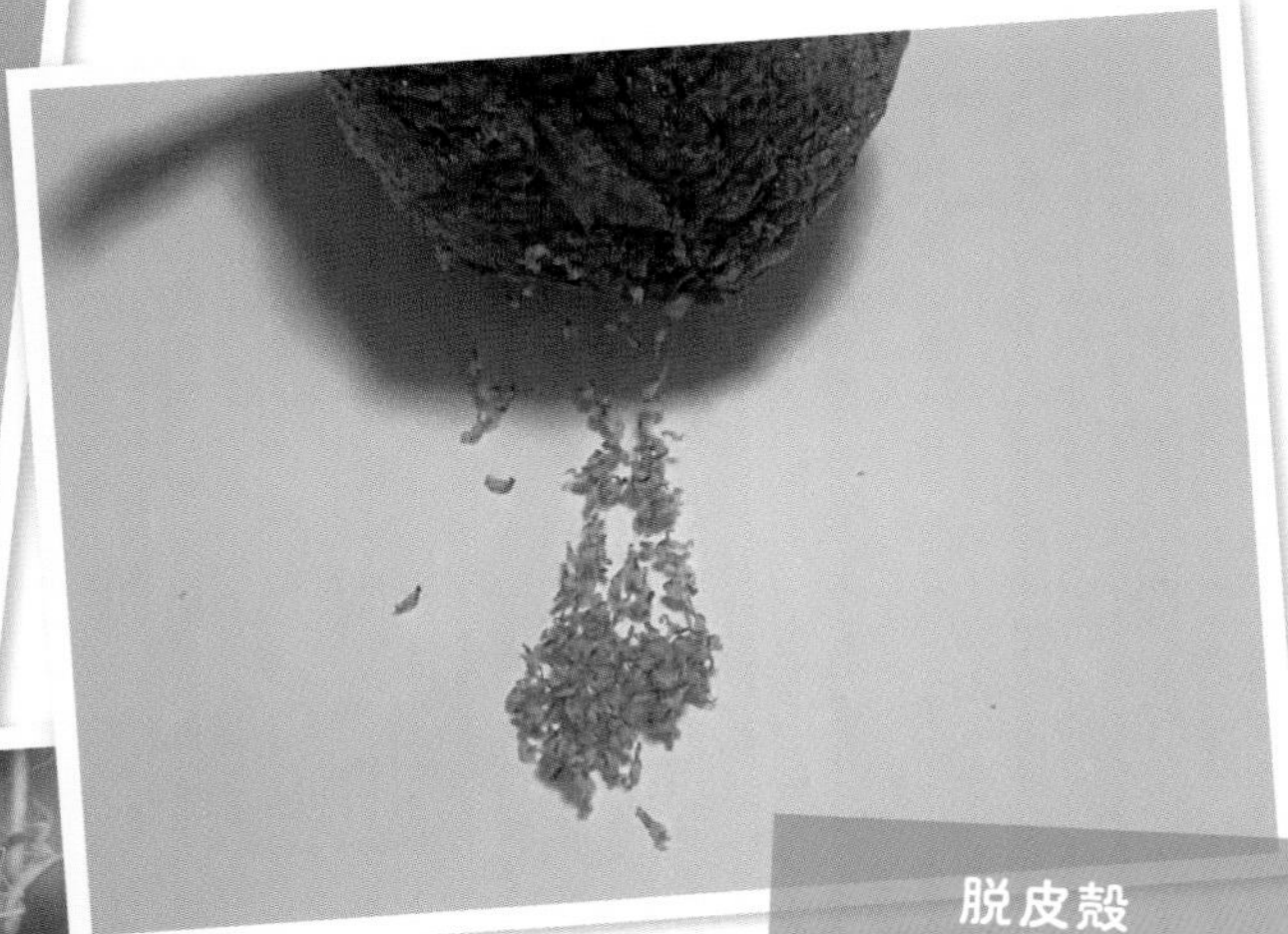

脱皮殻

孵化

〈オオカマキリジュニア〉

オオカマキリの1齢幼虫の大きさは1cmくらいです。非休眠性の卵鞘なので、出現時期が卵によってばらつく傾向があります。だいたい4月下旬〜5月頃に孵化します。これから地球温暖化の影響で、冬が訪れる前に孵化したり、春の出現時期が早まる傾向があるかもしれませんね。卵は1か所に集中して見つかることが多く、エサ不足などになったときに共食いすることで種の存続につなげているみたいです。植物体の細い茎や枝を包み込むように産卵するので、木の幹や壁などの平たい場所には滅多に産みません。

オオカマキリの１齢幼虫

オオカマキリの卵鞘

チョウセンカマキリの１齢幼虫

チョウセンカマキリの卵鞘

〈チョウセンカマキリジュニア〉

チョウセンカマキリの1齢幼虫はオオカマキリによく似ていますが、体長は8mmくらいで少し小さく、スリムな体をしています。卵鞘はオオカマキリと違い、形は細長く平べったい形状で、開けた草地の植物体や木の幹、壁などの人工物に産卵する傾向があります。出現時期はオオカマキリよりも1か月ほど遅く、5月下旬～6月です。休眠性のある卵なので、冬の寒さを経験してタイミングを合わせて孵化し、孵化時期がオオカマキリよりもばらつきにくい傾向があります。

〈ハラビロカマキリジュニア〉

ハラビロカマキリの1齢幼虫は体長7mmくらいで、オオカマキリやチョウセンカマキリと違い、腹部が上に反り上がっていて、脚に縞《しま》模様があるのが特徴です。反り上げるのは腹部を頭部に見せかけているのかも。理由はよくわかりません。ハラカマに聞いても教えてくれないんですよねぇ…。

樹上性だと言われることが多いですが、幼虫期はアブラムシや小さなハエなどをエサにするので、草地にいることが多いです。他の種類より高い場所を好む傾向があるので、セイタカアワダチソウで見つかることが多いです。ただ、体長が大きくなってくると、だんだん樹上で生活するジュニアが増えてきます。セミなどの大型昆虫をエサにしているみたいです。

卵鞘は休眠性で、チョウカマと同じように、孵化時期はばらつきにくい傾向があります。孵化時期は5月下旬～6月上旬です。卵鞘は、木の幹や小屋の屋下など平たい場所に産みつけるようです。

ハラビロカマキリの卵鞘

ハラビロカマキリの1齢幼虫

〈コカマキリジュニア〉

コカマキリの1齢幼虫は体長5mmくらいで、体色は全身黒っぽく、アリに擬態しているのだと思います。アリは蟻酸と呼ばれる毒性が強い物質を持っているので、海外でもアリに擬態したアリカマキリがいます。アリグモとかアリに擬態することで身を守る生きものは多いんです。自身は毒を持っていないけれど、毒を持っている生きものに擬態することを「ベイツ擬態」と言います。コカマキリの卵鞘は、石や倒木、木の低い位置などに産みつけられることが多いので、見つけるのはとても難しいです。孵化時期は5月下旬～6月です。

〈ヒメカマキリジュニア〉

私ヒメカマキリの1齢幼虫は、体長4mm程度と大変小さく、コカマと同じく体色が黒色で、アリに擬態しています。ヒメカマキリの卵鞘は、他のカマキリと違って樹皮や木の根元付近、石の割れ目や下側、落ち葉など色々なところに産みつけられます。孵化時期は6～7月頃です。

ヒメカマキリの１齢幼虫

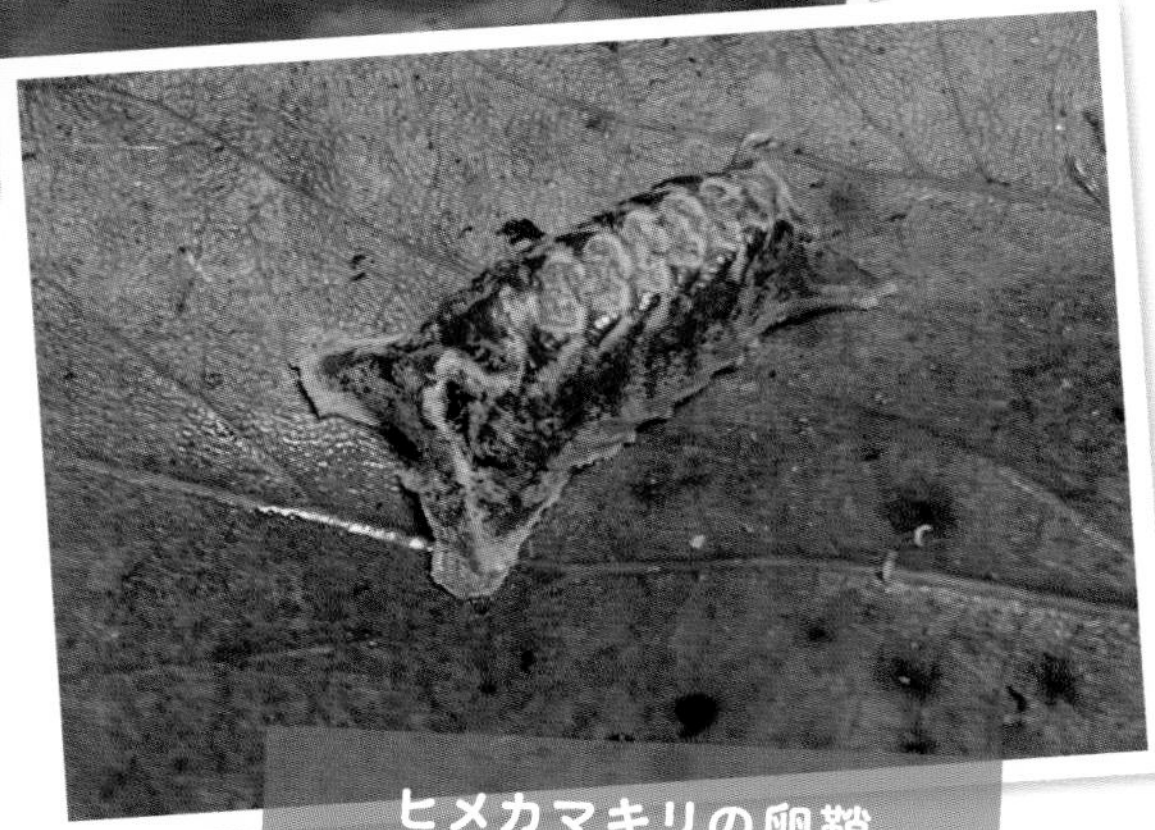

ヒメカマキリの卵鞘

みなさん、
ジュニアたちのことも
応援してくださいね♡

ヒメカマより
愛を込めて

関係者が語るカマキリのハナシ

こんにちは。類線形動物門ハリガネムシ綱（線形虫綱）ハリガネムシ目のハリガネムシです。我々とカマキリは切っても切れない間柄なんですよ。ここでは、我々ハリガネムシとカマキリの関係性について少し語らせてください。

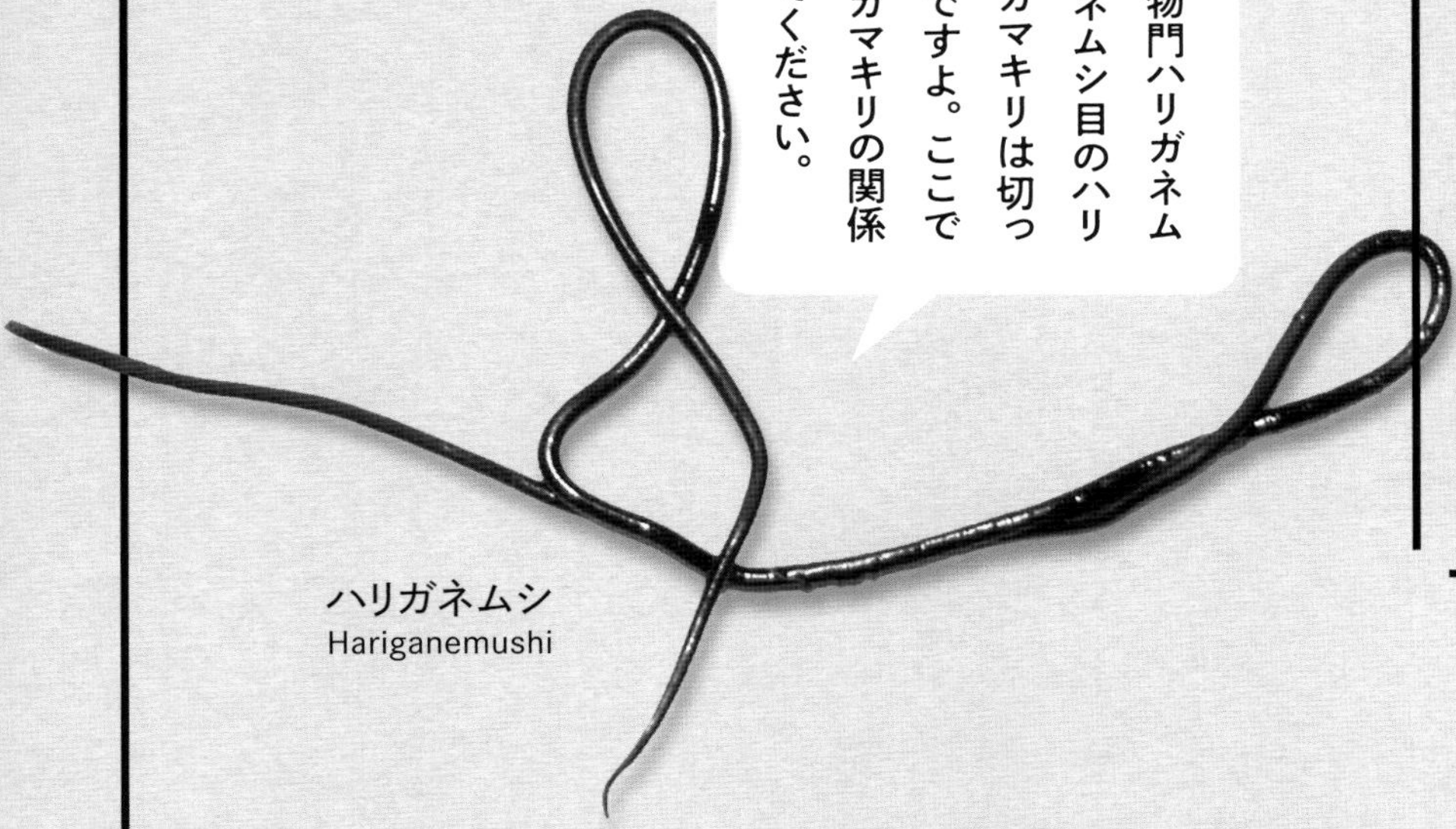

ハリガネムシ
Hariganemushi

〝寄生させてくれていつもありがとう〟

ハリガネムシとカマキリの関係性

「寄生虫であるハリガネムシがカマキリを洗脳する」という話をお聞きになった方もいるのではないでしょうか。我々ハリガネムシが、カマキリの体内に最初から存在すると勘違いしている人も多いようですが、それは誤解です。

ハリガネムシとヒメカマキリ

関係者が語る カマキリのハナシ

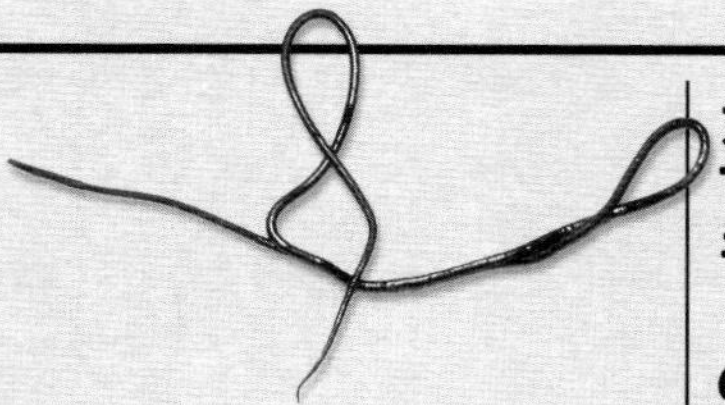

我々は水中で卵から生まれ、カゲロウやカワゲラ、トビケラ、ユスリカなどの水生昆虫の幼虫に食べられるのを待ちます。これらの水生昆虫の幼虫は、水中の有機物を食べて生活しているので、ハリガネムシの赤ん坊は自分が食べられるのを川底で待っています。食べられたハリガネムシの赤ん坊は、体の先端についているギザギザを使って幼虫の体内を進み、お腹の中の消化されない場所までたどり着くと、「シスト」と呼ばれる眠った状態になり、成長しません。

その後、水生昆虫は羽化し、陸上に上がって飛び回ります。それをカマキリが捕食することでハリガネムシの赤ん坊はカマキリの体内に移動します。これを「宿主《しゅくしゅ》を変える」と言います。宿主をカマキリに変えたハリガネムシは成長を開始します。

成虫になったハリガネムシは、交尾や産卵のために再び水中に戻らなければなりません。どうやって水中に戻るのかというと…、カマキリの脳に情報を送って洗脳することで水辺に誘導するんですよ。洗脳されたカマキリは、水の中にゆっくり入ったり、飛び込んだりします。着水すると、我々はカマキリの体内から脱出し、再び故郷の水の中に戻って繁殖します。なかなかアグレッシブでしょう（笑）。カマキリの体内に複数のハリガネムシが

モンカゲロウ

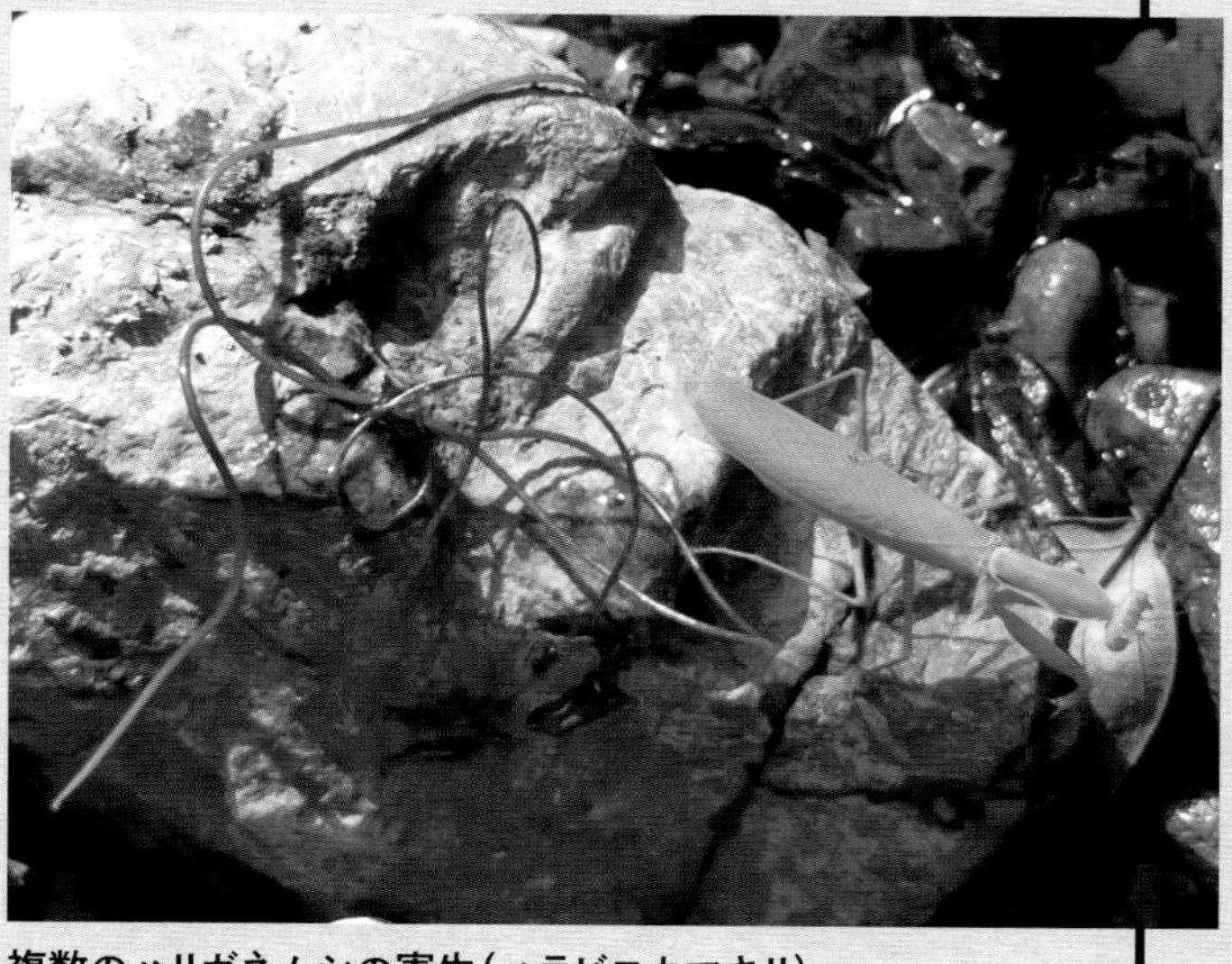

複数のハリガネムシの寄生（ハラビロカマキリ）

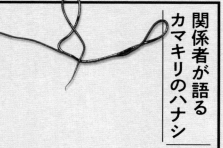

分解者として土の栄養に変え、
生態系を支えてくれているゴキブリとミミズ

寄生することもよくあります。ハリガネムシに寄生されたカマキリは生殖能力を失うので、ちょっと申し訳ないですね。カマキリにはいつも感謝していますよ。

ハリガネムシの役割

ここから我々の話になり恐縮ですが、我々は、実はカマキリだけに寄生するわけでなく、カマドウマやキリギリスなどの肉食性のバッタの仲間にも寄生します。ハリガネムシに寄生された様々な陸生昆虫が水中に飛び込むことで、水中の川魚たちの重要なエサになっているのです。我々はカマキリに迷惑をかけ、見た目から人間にも気持ち悪がられていますが、ハリガネムシがいなくなると、川魚たちのエサは水をキレイにしてくれる水生昆虫まで食べてしまい、川が汚染されてしまう可能性があります。つまり、我々ハリガネムシは、陸と水中のエネルギーをつなぎ、水の生態系を守っている大切な役割をしているわけです。自慢みたいで恐縮ですが、カマブラファンのみなさんにも我々の存在を受け入れていただけるとありがたいですね。

ついでに、我々と同じく嫌われ仲間のゴキブリについてもフォローさせてください。ゴキブリは森の落ち葉や朽木《くちき》、生きものの糞《ふん》（うんち）、菌類を食べてそれを土の栄養にしてくれています。このような生きものを生態系の中で「分解者」と呼んでいます。この世からゴキブリが消えたら森はどうなってしまうでしょう。落ち葉や朽木が掃除されない状態では、新たな植物はなかなか育つことができません。またゴキブリは、くだものや花の蜜を食べることもあり、種子や花粉をばらまく役割もしてくれています。見た目で生きものを判断し、「気持ち悪い」、「いなくなれ」ではなく、どんな役割を持っているのか、発想を変えて生きものを見ていただけると幸いです。生態系はみんなで支え合って成り立っています。我々のような生きものたちが支えているから、みなさんもこの地球上で生活できていることを忘れないでいただきたいと思います。

カマブラも熱狂！

海外の推しカマ

Yeah～！

世界には、ワイルドで個性的なカマキリがいます。コカマキリも憧れる海外発のホットなカマたちを紹介しちゃいます。

ハナカマキリ

(ハナカマキリ科)

生息地：東南アジア

体長：35 ～ 70㎜

ラン科の花に擬態して、花に集まるエサ（訪花昆虫）を待ち伏せして捕食するハンター。1齢幼虫は赤と黒の体色で、臭い匂いを出すカメムシに擬態することで身を守っていると言われてるっす。幼虫期には、葉の上でミツバチが交信で使うフェロモンに含まれる物質を出し、おびき寄せて捕食するらしい。成虫期は、花に隠れてエサを待ち伏せして狩りをしてるみたいっす。メス成虫はオス成虫の倍くらいの大きさで、オスメスの体長差がかなり大きい。ハナカマキリはエサを探索するときに、風で揺れる植物に行動擬態して何度もユラユラ揺れながら移動するんですよ～。

ハナカマキリのオスの成虫

ハナカマキリのメスの成虫

マオウカレハカマキリ

（ハナカマキリ科）

生息地：東南アジア（マレーシア・インドシナ）

体長：60 ～ 75㎜

マオウカレハカマキリのオスの成虫

頭のてっぺんに角《つの》のような突起があって、威嚇のときに前脚の内側と胸の部分にあるオレンジと黒の縞々《しましま》模様を見せるんだけど、その姿勢が怖いんですよねぇ。魔王と呼ぶに相応しい見た目から名づけられたらしいっす。ブラックボディがイカしてる。正面から見ると、若干ゴキブリみがあるけど（苦笑）。背中側は枯れ葉に擬態してます。かなり珍しい種類で、生息地での個体数はレアらしいっす。

コモンフラワーマンティス

（ハナカマキリ科）

生息地：東南アジア（マレーシア・ジャワ島）

体長：30 ～ 40㎜

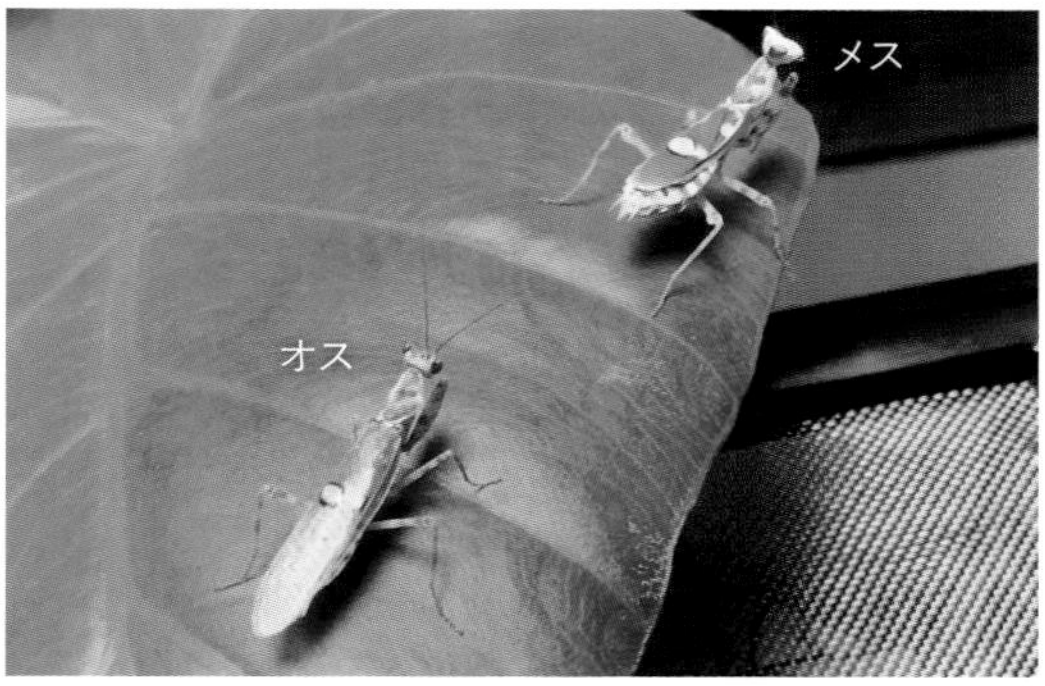

コモンフラワーマンティスのメスとオスの成虫

コモンフラワーマンティスの交尾

体のサイズがオスもメスも35mmくらいの小型のカマキリっす。緑色と白色のまだら模様の体の色がめっちゃキレイで、前翅に目玉模様があります。成虫の腹部が左右に翅からはみ出る形状になっていて、サシガメの仲間（肉食性のカメムシの仲間）のように見えますねー。1齢幼虫は、赤と黒のアリのような姿が特徴的っすね。

ゴーストマンティス

(ハナカマキリ科)

生息地：アフリカ・マダガスカル島
体長：50 ～ 60㎜

枯れ葉や枝に擬態した小型のカマキリで、アフリカ、マダガスカル島に分布してます。突起を頭につけて、体をユラユラ揺らす亡霊のような姿から名づけられたみたいっす。ボウレイカマキリとか、ユウレイカマキリとか呼ばれることもあります。体の色は個体差があって、褐色、黒褐色、緑色などがいるっす。

ゴーストマンティスのオスの成虫

マルムネカレハカマキリ

（カマキリ科）

生息地：東南アジア

体長：70 ～ 80㎜

熱帯雨林に生息していて、体の色は褐色や黄色、黒褐色とか、個体によって異なります。胸の形がコブラに似ていることからコブラヘッドカレハカマキリと呼ばれることもあるっす。前胸は半円形で、全身が枯れ葉に擬態するカマキリだけど、威嚇をするときは、黒やオレンジ色とかの警告色と呼ばれる前脚の内側や翅にある派手な色を見せて天敵を驚かせるんすよ。

マルムネカレハカマキリのメスの成虫

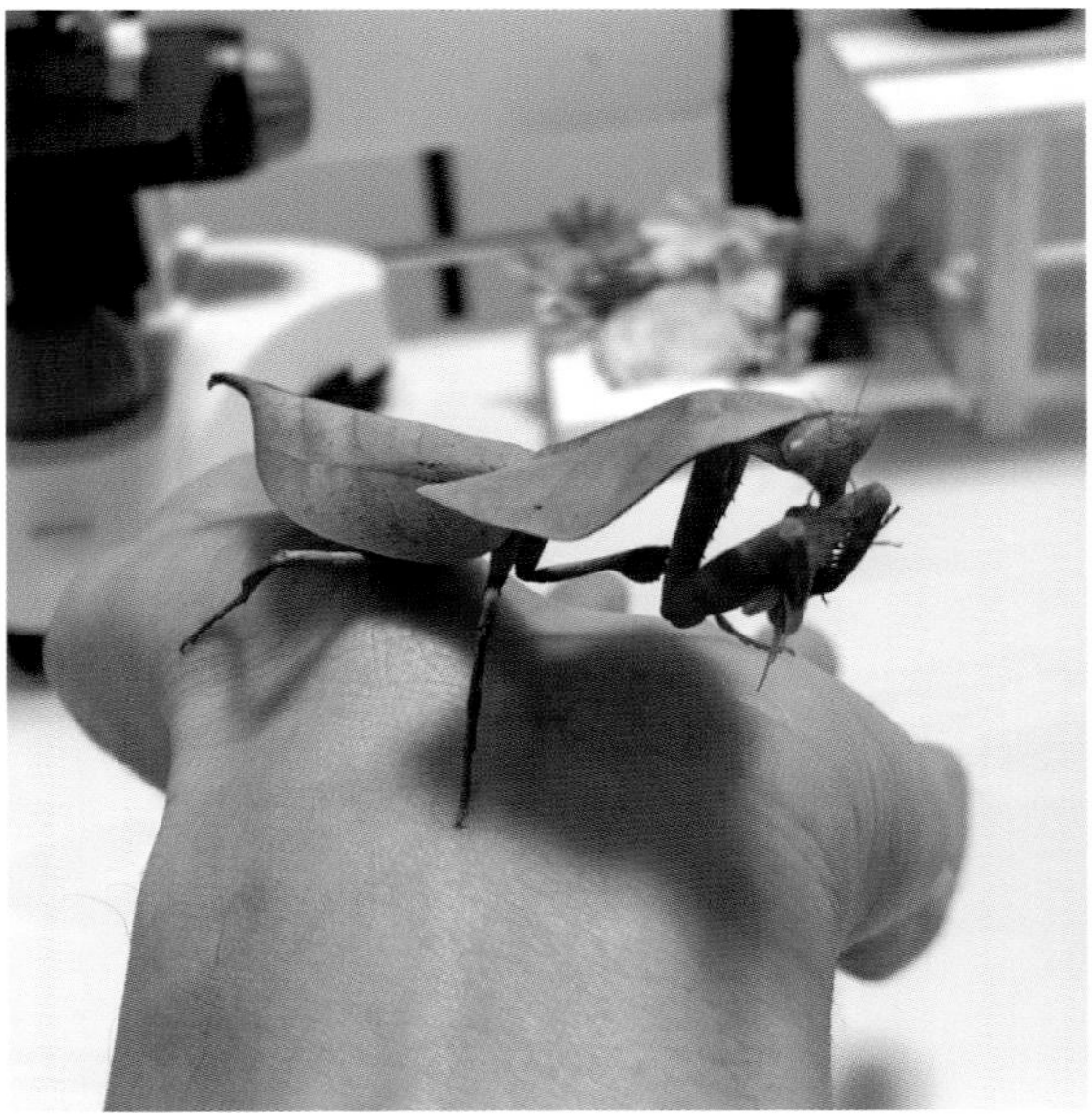

ヒシムネカレハカマキリ

(カマキリ科)

生息地：東南アジア(マレーシア・インドネシア)
体長：45 ～ 70㎜

胸部の部分がひし形で、枯れ葉に擬態していることから名づけられたらしいっす。動きは遅くて、日中はあまり行動せずにじっとしてます。威嚇するときは翅を広げて立ち上がり、前脚の内側や翅にある普段見せないオレンジや黒など非常に目立つ色を相手に見せて驚かせます。幼虫はハラビロカマキリと同じで、腹部を上方に反り返らせます。体の色には、黄色から褐色、黒褐色など個体差があるっす。

ヒシムネカレハカマキリのオスの成虫

ヒシムネカレハカマキリのメスの成虫

メダマカレハカマキリ

(カマキリ科)

生息地：東南アジア（マレーシア・インドネシア・フィリピン）
体長：65 ～ 80㎜

翅の裏に、数字の「9」みたいな目玉模様があることからメダマカレハカマキリと名づけられたみたいすね。目玉模様は普段は見えないけど、威嚇するときに翅を広げて天敵を驚かすために見せます。メスの胸の両端が上方に反り返っているので、オスメスがわかります。ムナビロカレハカマキリと呼ばれることもあるっす。

メダマカレハカマキリのオスの成虫

メダマカレハカマキリのメスの成虫

シリアゲカマキリ

(カマキリ科)

生息地：アフリカ東部（ケニア・タンザニア）

体長：45 ～ 70㎜

メス成虫の翅は短くて、露出している腹部の末端を上に反り上げているのでシリアゲカマキリと名づけられたみたいっす。翅の短いメスは飛翔できなくて、威嚇時に鮮やかな黄色からオレンジ色の翅を広げて天敵を驚かせるんです。オスは翅が長いので飛翔ができて、効率的にメスを探すことができます。体の色は灰色の個体が多いけど、緑色のカマもいるっす。

シリアゲカマキリのメスの成虫

ゼブラマンティス

(カマキリ科)

生息地：ナイジェリア～中央アフリカ

体長：50 ～ 65㎜

背中に描かれた模様がシマウマ柄であることからゼブラマンティスと名づけられたらしいっす。前翅に目玉模様もあります。模様がso cool～！暖かい場所が好きで、開けた草地に生息していて、枯れ草の茎の背景に溶け込むことで身を隠しています。夜行性で、日中は植物体に隠れて生活しています。飛翔力が高いっす。

ゼブラマンティスのオスの成虫

パンサーマンティス

（アヤメカマキリ科）

生息地：アフリカ東部（ケニア・エチオピア・ソマリア）
体長：40 ～ 55㎜

脚の柄がヒョウ柄なところからパンサーマンティスと名づけられたんだとか。体は小さいけど、緑色の大きな眼が特徴的なカマキリっす。樹上性で、樹皮に擬態することで身を隠してます。素早い動きでエサを追尾して捕食します。何だか…人間が観てるテレビの戦隊ヒーローものに出て来そうな感じじゃないすか？

パンサーマンティスの幼虫

ケンランカマキリのメスの成虫

ケンラン
カマキリ

(ケンランカマキリ科)

生息地：東南アジア
体長：30 ~ 40㎜

オスはメタリックブルーで、メスは玉虫色（赤・黄・緑）。めっちゃキレイで、豪華絢爛《けんらん》ゴージャスなことから、ケンランカマキリと名づけられました（絢爛とは「きらびやかで美しい様」の意味）。別名ハンミョウカマキリとも呼ばれていて、ハンミョウ（日本に生息する甲虫）のような美しい金属光沢を持っているので、「世界で最も美しいカマキリ」と言われてるっす。熱帯林に生息していて、ゴキブリのように木の幹や枝、葉の上を素早く移動します。天敵に見つかると、素早く葉の裏側に隠れて、翅を使って飛ぶこともよくあるっす。交尾の仕方が他のカマキリと違っていて、オスはメスの背中に乗らずにお互い逆方向を向いた状態で、生殖器をくっつけて交尾をするんですよねー。ゴキブリも同じような交尾の仕方で、平べったい体の形からしてゴキブリに近い原始的なカマキリっす。

アザミカマキリ
(ヨウカイカマキリ科)

生息地：北アフリカ・地中海沿岸・中東～南アジア
体長：60 ～ 70mm

植物のアザミに似ていることからアザミカマキリと名づけられました。あまり活発に動き回ることが少ない、待ち伏せ型の捕食者。トゲのある植物が生えている茂みに擬態することで身を隠しながら生活してるっす。オスの触角は、ガのように太い櫛《くし》状になっていて、メスの放出するフェロモンを感知しやすくなってまーす。

アザミカマキリのオスの成虫

ニセハナマオウカマキリ
(ヨウカイカマキリ科)

生息地：アフリカ東部（エチオピア・ケニア・タンザニア） 体長：100 ～ 130mm

最後は、僕的にイチ推しの海外カマっす。花に擬態して、両前脚を上げて派手な体の色を見せつけながら、大きな体を使って天敵を威嚇する様はまさに怪物！英語名はデビルズフラワーマンティス。名前からして強そー。カッコよすぎて激ヤバっす！オスの触角は、ガのように太い櫛状になっていて、メスの放出するフェロモンを感知しやすくなってます。大きく広がった前胸や前脚は花に擬態していて、白く見える部分は紫外線を吸収して目立たせているみたいっす。それで花に集まる訪花昆虫をおびき寄せて捕食しているんすねぇ。1齢幼虫は黒色で、アリに擬態している模様を持ってます。

ニセハナマオウカマキリのメスの成虫(立体標本)

カマブラが大活躍

社会貢献活動

人間が食べるために育てる農作物は、農業害虫と呼ばれる様々な昆虫に食べられたり、病気を蔓延《まんえん》させられたりします。なので人間は、これまで農薬を使って害虫駆除をしてきました。でも、農薬は人の体や生きものへの影響が問題視されているので、近年は生物的防除と呼ばれるらしいですが、害虫の天敵になる昆虫を導入して駆除する方法が利用され始めています。そこで今後注目されそうなのが「カマキリ農法」です。

自分たちカマキリは、いろんな害虫を捕食する益虫で、捕食量も多いので人間にとても期待されています。実際、中国では１８０万匹以上のカマキリを放すことで、農薬の使用を抑えて農作物の収量が増えたという報告もあるんですよ。日本の農家の人が、冬の間にカマキリの卵鞘を取って来て、畑に置いていることもあります。急に卵鞘がなくなってビックリすることがありますが、人間の役に立っていると思うと何だか嬉しいですね。

他の肉食性生物（益虫）／クモ

他の肉食性生物（益虫）／カエル

自分がご説明します。自分たちはアイドル活動以外に、人間の生活に役立つ仕事もしています！

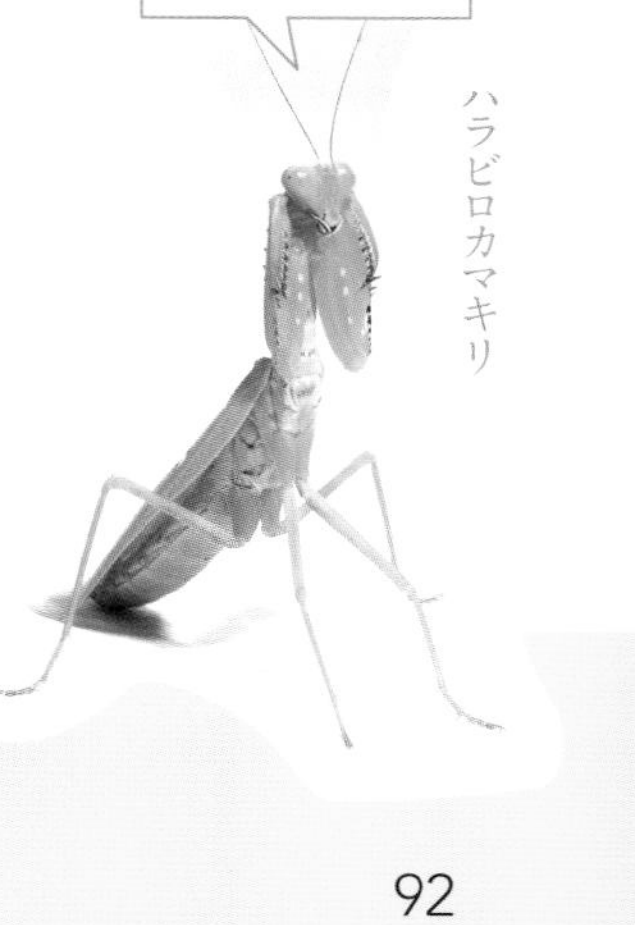

ハラビロカマキリ

カマキリ農法の

△デメリット

△ カマキリの成長段階によって
捕食できる害虫が変化する

△ 益虫（花粉を運ぶ送粉昆虫や、
他の肉食性生物）まで
食べてしまう

△ 共食いが発生し、
個体数が減少する

○メリット

○ カマキリ１匹当たりの捕食量が多い

○ 大小様々な害虫を捕食可能

チョウやガの幼虫・バッタの仲間・ハエの仲間・
カメムシの仲間（カメムシ・アブラムシ・コナジラミ・
ヨコバイ）など

○ 待ち伏せ型の昆虫のため、分散しにくい

送粉昆虫

他の肉食性生物（益虫）／トンボ

畑の害虫防除

畑の害虫防除は、オオカマリーダーやコカマが定着しやすいので最適です。オオカマリーダーは葉につく小さな害虫（アブラムシの仲間・カメムシの仲間・ヨコバイの仲間）や、成長すると大きくなる害虫（チョウの仲間・バッタの仲間）を防除できますし、コカマは地面にいるコオロギなどを食べてくれます。

水田の害虫防除

開けた水田のイネ科の農作物の害虫防除は、オオカマリーダーだとイネ科の細い葉では定着するのが難しいので、チョウカマが適任です。実際、野外でも水辺の近く（川や池）の周辺のイネ科の植物に生息していることが多く、オオカマリーダーと住みわけをしています。チョウカマが、イネ科につくカメムシの仲間やバッタの仲間、ガの仲間などを捕食してくれます。

【畑の農作物に被害を出す昆虫】

アブラムシの仲間

カメムシの仲間

ヨコバイの仲間

チョウの仲間

【水田の農作物に被害を出す昆虫】

カメムシの仲間

バッタの仲間

果樹の害虫防除

果樹の害虫防除には、樹上性のハラカマやヒメカマが適任なのですが、ヒメカマは体長が小さく、数も多くないので現実的ではないです。主に自分たちハラカマが果樹に発生する害虫（セミやカメムシやガなど）を捕食しますが、カミキリムシなどの甲虫は体が硬く、防除することができません。ごめんなさい…。

【果樹に被害を出す昆虫】

セミを捕食するハラビロカマキリ

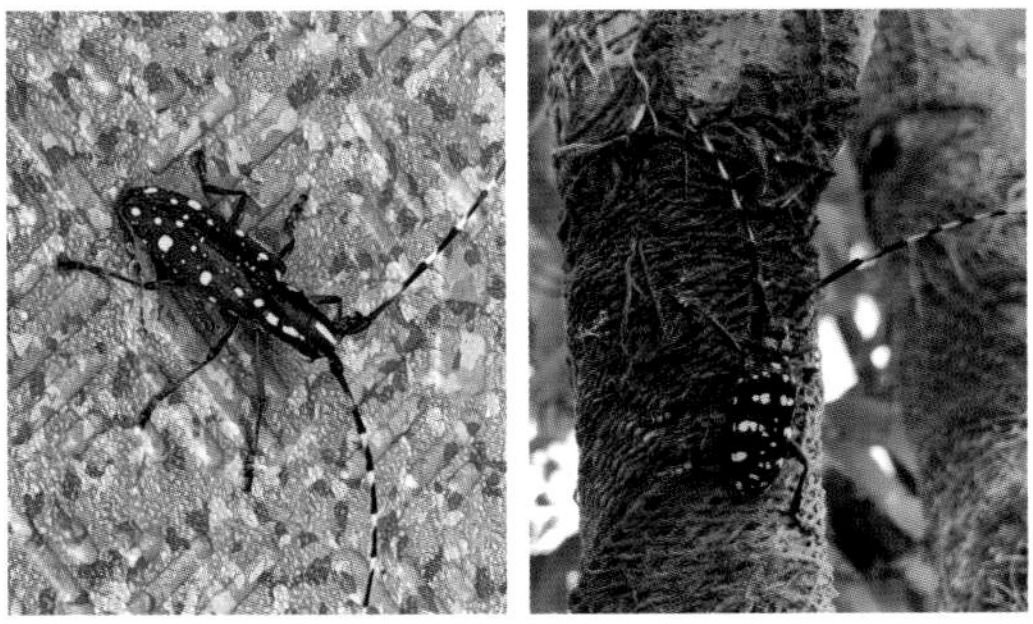

カマキリでは防除不可なカミキリムシの仲間

人間界でのカマキリ農法の研究はあまり進んでいません。カマキリは共食いするので、個別に飼育しなければいけないし、生きたエサしか食べないので、天敵昆虫として大量に増殖するのがとても難しい昆虫だからです。また、カマキリ農法をする際に、たくさんカマキリを放すと、生態系のバランスが崩れて周辺の環境に悪影響が出たり、益虫を減らしてしまう可能性があるんです。だからハウス内での利用に限定するなど、環境負荷を考慮する必要性があります。それと、農薬の抵抗性についても研究が必要です。これからカマキリ農法の研究が進んで、減農薬や無農薬の色々な農作物が栽培できるようになって、人間の持続可能な環境づくりに自分たちも貢献できればいいなと思っています。

ハラカマより

ファン通信

Kamakiri Brothers Fan Club

カマブラファンクラブ事務局からのお願い

KB
KAMAKIRI FOREVER

カマキリは生きたエサしか食べなかったり、状態が少しでも悪くなると、すぐに脱皮に失敗して死に至ります。また、共食いをするため個別に飼育しなければいけないなど、飼育するのが非常に困難なため、世界的にポピュラーな昆虫にもかかわらず研究があまり進んでおらず、まだまだ謎の多い昆虫です。大切なのは、**カマキリの気持ちになって考えて、快適に生活できる飼育環境をつくってあげること**です。

ここでは、ファンのみなさまからお寄せいただいた、交流方法などに関するご質問についてお答えします。

from ♥ Kama-Bros Fan

「最近ファンになったばかりです。どんな飼育ケースを選べばいいですか？」

てる さん

〈事務局〉

一般的なものから、事務局おススメのものまで下記にご紹介します。

① 一般的な飼育ケース

プラスチックでできている一般的な飼育ケースは側面や地面が非常にすべりやすいため、植物体を入れたり、鉢底ネットやメッシュなどを入れて、カマキリが落ち着ける足場をつくってあげてください。また、地面もすべりやすい状況なので、土を入れたり、キッチンペーパーを敷くなどして、カマキリが脚を痛めて弱ってしまわないように注意してあげましょう。また、カマキリの1齢幼虫やエサとなるアブラムシやショウジョウバエなどの小さな昆虫は、上部の隙間から逃げてしまいます。上部のフタとの間に、メッシュをかませるなどして、小さな昆虫たちが逃げるのを防ぎましょう。

メリット	デメリット
・値段が安い	・すべってカマキリが弱りやすい
・手に入りやすい	・小さな昆虫が逃げ出す
	・足場を工夫する必要がある
	・脱皮時の高さが足りない

一般的な飼育ケース

② 意外と上手に飼育できる簡易飼育ケース

メッシュ飼育ケース

カマキリは、ぶら下がって脱皮をするため、ケースの横幅よりも高さが重要になります。足場と高さを同時に解決してくれるのが、全体メッシュ型の昆虫ケース（洗濯ネットも可）です。全体がメッシュになっているので、カマキリが脚を痛めにくく、高さもあるため、土を入れたり、植物を入れたりする必要がありません。さらにとても軽く、持ち運びも楽です。しかし、全体がメッシュで覆われているため、観察が好きな方には不向きかもしれません。

メリット	デメリット
・中に何も入れなくていい	・見栄えがあまり良くない
・軽くて持ち運びが楽	・観察に不向き
・比較的安価に手に入る	
・脱皮に十分な高さがある	

メッシュを使って脱皮

③ ガラス製の飼育ケースがおススメ

爬虫類などの飼育用に販売されているガラス製の飼育ケースがおススメです。縦長の形状で、天井には細かいメッシュがあるフタがついているため、脱皮も上手にできる形状で、小さな昆虫も逃げる心配がありません。さらに側面がガラスなのですべりにくく、観察もしやすいです。カマキリがエサを捕まえたり、脱皮したりするための足場として、観葉植物を入れると見栄えも非常に良く、室内でとても観察しやすい環境になります。そのため、昆虫館での展示でもよく使われています。正面が開くようになっており、上部のフタも取れるようになっているので、カマキリやエサ、植物などを入れたり、中を掃除したりする際にも便利な仕組みになっています。

ガラス飼育ケース

メリット	デメリット
・すべりにくいガラス製	・値段が高い
・縦長で脱皮に必要な高さがある	・容器が重たいので持ち運びに不向き
・上部のフタにメッシュがあるので脱皮しやすい	
・ガラスなので観察しやすく、見栄えが良い	
・観察力アップにつながる	

ファン通信
Kamakiri Brothers Fan Club

from ♥ Kama-Bros Fan

「うちの子（人間です）は、最初はカマブラに会えて大騒ぎをしていたのに、すぐに飽きてしまって困っています」

真介ママ さん

〈事務局〉

観察したくなるような飼育環境をつくるのがコツ。

捕まえた昆虫を持ち帰って飼いたい、という子供たちはとても多いです。「俺が先に見つけた！」、「いや、俺が先だ！」などと争いになるほどです。持って帰ったはいいものの、すぐに飽きてしまい、カマキリが虫かごの中で死んでしまったり、またはお母さまがエサを採りに行くことになるケースもよく聞きます。

それを解決してくれるのは、前ページでご紹介した事務局おススメの飼育ケースではないでしょうか。家族で話し合いながら観葉植物を入れるなど、中身をコーディネートして大切に育ててください。家族でホームセンターに行って、どの植物を入れるか意見を出し合って、つい観察したくなるような飼育環境をつくることで、カマキリの命を大切にしようとする気持ちがより強くなるはずです。

飼育ケース

ヒノキでつくったオリジナル飼育ケース

ファン通信
Kamakiri Brothers Fan Club

from ♥ Kama-Bros Fan

「正直、エサやりが大変なのですが、どんなものを選べばいいのでしょうか？」

MH さん

〈事務局〉

カマキリの体のサイズに合わせてエサを準備しましょう。

カマキリは、自分の体のサイズに見合ったエサ（自分より小さな昆虫）を与えなければいけないので、カマキリの体のサイズに合わせてエサを準備しましょう。しかし、そのようなエサを毎回野外に採りに行くのはとても大変です。そこで、ネットで購入できる、事務局おススメのエサをご紹介します。

① トリニドショウジョウバエ（フライトレス）

最初に紹介するのは、カマキリの若齢期に利用する、ネットで購入可能なトリニドショウジョウバエです。プラカップに培地（ハエのエサ）と共に100～200匹程度入った状態で送られて来ます。このショウジョウバエは、「フライトレス」という飛ぶことができないハエのため、フタを開けても飛んで逃げることはありません。毎回購入すると高くつくので、カマキリを多く飼育する場合は、プラカップ（飼育容器）と培地（幼虫のエサ）、木パッキン（木の削り節：ハエの足場）を購入し、累代飼育（何世代にもわたり繁殖・飼育する）ことも可能です。

プラカップで累代飼育している様子

注）最初に購入したハエを使い切ってもプラカップは捨てないでください。置いておけば、しばらくすると次の世代のハエが出現するため、初回購入時のハエであれば2世代利用可能です。しかし、乾燥やカビが発生するなど、環境が悪いと発生しません。

② コオロギ（フタホシコオロギ・ヨーロッパイエコオロギ）

カマキリはサイズが大きくなると、ショウジョウバエを食べなくなります。少し大きめのエサとしてコオロギを利用します。ネットでは、フタホシコオロギやヨーロッパイエコオロギがエサとして購入できます。また、サイズもSS⇒S⇒SM⇒M⇒ML⇒Lサイズとカマキリの大きさに合わせて購入可能です。こちらも累代飼育が可能で、下に土を敷いて適度に湿り気を与えておくと産卵し、小さな幼虫が生まれてきます。

コオロギの累代飼育の様子

注）カマキリが脱皮中で無防備なときに、食べ残したコオロギが飼育ケース内にいると、逆にコオロギに食べられてしまうことがあるので、気をつけてください。脱皮前に「眠《みん》」というエサを食べなくなる期間（1～3日程度）があります。そのときは、脱皮の前兆なので、飼育ケース内からコオロギを取り除きましょう。

③ デビュア（アルゼンチンモリゴキブリ）

デビュアの累代飼育の様子

コオロギをエサとして、カマキリを成虫まで育てることは可能ですが、前述したようにコオロギの場合は、脱皮時に食べられるリスクを伴います。また、累代飼育には、産卵場所や湿気などコツが必要です。そこで、次に紹介するのが、こちらもネットで購入可能なアルゼンチンモリゴキブリです。こちらもサイズに合わせて購入することができます。また、雑食性で何でも食べてくれるため、人間の食べ残しや料理で使わない部位などを入れると全部食べてくれます。食品ロスを減らすSDGsにつなげることも可能です。人間の家に出るゴキブリと違い、動きは遅く、飛ぶことができないので、人間のペットとしても飼われるくらいです。生命力が強く、繁殖力も高いため簡単に増やすことができ、累代飼育がコオロギより容易です。

ファン通信

Kamakiri Brothers Fan Club

from ♥ Kama-Bros Fan

「水はあげた方がよいですか？」

カマ王 さん

〈事務局〉

カマキリも水が必要です。

カマキリも当然水を必要とします。水分はエサからでもとれますが、2日に一度、水分補給と湿度を保つために霧吹きをしてください。前脚に水滴がつくと、左の写真のようにグルーミングしながら前脚についた水滴を飲みます。頭に水滴がつくと、真ん中の写真のようにグルーミングで前脚に水滴を移動させてから飲みます。葉の上にある水滴を飲む場合は、右の写真のように姿勢を低くして飲みます。

まずいものを食べてしまったときも、右端と同じような姿勢で、まるで人間が嘔吐《おうと》するように異物を吐き出します。カマキリにも異物と感じると吐き出すメカニズムがあります。特に若齢期は体色が薄いため、食べた異物が口元に戻って来るのを目視で確認することができます。

【水分補給】

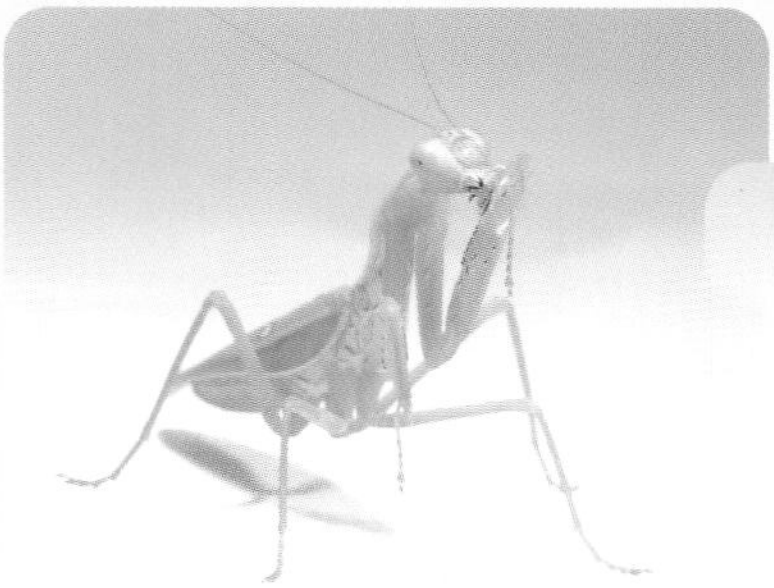

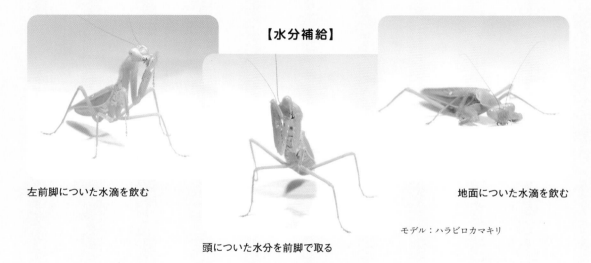

左前脚についた水滴を飲む

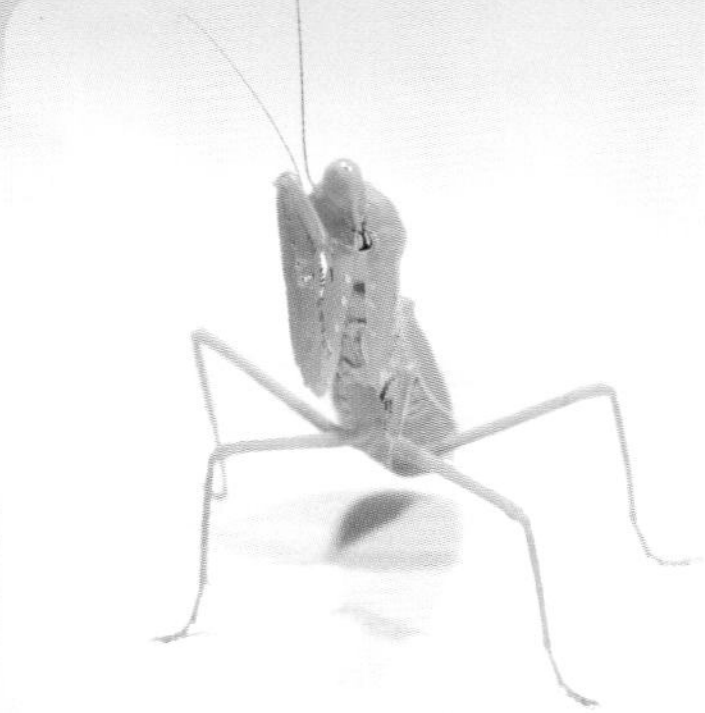

頭についた水分を前脚で取る

地面についた水滴を飲む

モデル：ハラビロカマキリ

from ♥ Kama-Bros Fan

「脱皮失敗を防ぐには、どうしたらいいのでしょうか？」

カマブラ大好きっ子さん

〈事務局〉

脱皮失敗を引き起こす原因はいくつかありますので、ご紹介します。

① すべる足場

飼育ケース内がすべる材質だと、カマキリの脚の先端部分の跗節が痛んでしまいます。そうすると、しっかりと跗節で植物などをつかんで体を固定することができず、脱皮時に滑落してしまいます。また、脱皮失敗に限らず、弱まる原因にもなります。植物体を入れたり、メッシュや寒冷紗などで凹凸をつくる工夫をしてみてください。

② エサ不足

十分にエサを食べていないと、脱皮の途中で力尽きてしまったり、後脚が脱皮殻から抜けなかったり、後脚が曲がってしまったりすることがよくあります。また、次の脱皮までの期間が長くなればなるほど脱皮失敗のリスクが高くなります。エサ不足になると、腹部の先端に糞（うんち）がくっついた状態になります。これは、かなりカマキリの状態が悪いことを示すサインです。エサは、小まめに十分与えるようにしましょう。

③ エサの与えすぎ

エサを入れすぎると、食べ残した昆虫たちが、カマキリの邪魔になったりして、落ちついて生活できなかったり、エサとぶつかることでケガをしてしまったりするおそれがあるので、入れすぎにも注意してください。1匹食べ残すくらいがよいです。

④ 温度管理

温度が低くなると代謝が落ちてしまい、脱皮中に死んでしまうことがよく起こります。

最低でも20℃くらいは保つようにしてください。26℃前後くらいが最適です。冬にカマキリを飼育するときは、できる限り人間が生活している暖房の入った部屋に置くなどしてください。

⑤ 湿度管理

カマキリも水分補給をよくします。また、適度な湿気も必要なため2日に一度くらいでよいので、霧吹きで水を与えてください。植物体を入れると極度な湿度低下を抑えることができます。

⑥ 十分な高さ

カマキリは下にぶら下がって脱皮をするので、自分の体長の倍以上の高さが必要になります。高さが低いと地面に頭がぶつかり、頭部や胸部が曲がって変形してしまうことがあるので、横幅よりも高さを特に気をつけてください。

注）カマキリは脱皮不全（失敗）が特に多い昆虫です。上記の点をしっかり頭において、カマキリが快適に暮らし、成長できる環境を整えてください。

天井のメッシュに足を引っかけて脱皮をするオオカマキリ

オオカマキリの脱皮殻

野外で見つかった、脱皮不全のオオカマキリ

ファン通信

Kamakiri Brothers Fan Club

from ♥ Kama-Bros Fan

「目に偽瞳孔とは違う黒いものがついていますが、何ですか?」

カマキリになりたい男 さん

〈事務局〉

眼が傷ついてしまったのかもしれません。

狭い飼育ケース内でカマキリを飼育すると、壁に何度も眼を当ててしまい、こすれて傷がついてしまいます。この傷が大きくなるとエサを正確にとらえることができなくなるので、注意してください。あまり狭すぎる環境で飼育するのは止めましょう。また、エサ不足になるとエサを求めて活動が活発になり、眼を壁にぶつける回数が増えてしまうので、眼を守るためにもエサは十分に与えてください。

室内の飼育で眼が傷ついたハラビロカマキリ

野外のハラビロカマキリの美しい眼

注）野外のカマキリでは、このような症状は見られないので、室内で飼育されたカマキリかどうかは、眼を見ればわかることが多いです。

ファン通信

Kamakiri Brothers Fan Club

from ♥ Kama-Bros Fan

「どうやったら共食いされずに交尾させることができますか？」

ラブリン さん

〈事務局〉

共食いを避けつつ、交尾を成功させる方法を下記にご紹介します。

① 空腹状態を避ける

空腹状態のときは、特にメスが動くものに対しての反応が早く、獰猛《どうもう》な状態なので、十分にエサを与えて満腹状態にするところから始めましょう。また、オスが空腹の場合、逆にメスを食べてしまうこともあるので、両者共にエサをしっかり与えましょう。

② 飼育ケースから出す

飼育ケース内は、オスの逃げ場がないので、ケース外に出して交尾をする準備をします。まず飼育ケースからオスを出して、容器のフタの上に置いて落ちつくのを待ちます。落ちついたらメスを容器から取り出し、オスの前を横切らせたり、背中を向かせたりして歩かせます。

③ 風を送る

オスは、風に反応して一気にメスとの距離を縮める傾向があるので、うちわなどでオスの背後から風を送ってあげましょう。この風でメスも動きが活発化するので、よりオスがメスに捕まるリスクは減ります。オスの触角に注目して観察してみてください。上に向いていたオスの触角がメスの方に向き始めたら、交尾相手として認識した証拠になります。

④ 交尾後

交尾が終わるまで、容器の外に出しておきましょう。交尾が終わってお互いが離れたら、また個々の容器に戻してください。

注）「交尾後ガード」といって、交尾後に交尾器がくっついていないのに、他のオスからメスを守るためにオスがメスに乗り続けることがあるので、離れるのに時間がかかる場合があります。

虫かごのフタの上で見事交尾に
成功したオオカマキリ

注）もし、オスの接近時にメスに見つかってしまった場合は、メスを取り上げて、オスに対して背中を向ける角度で設置し、もう一度試してみてください。

ファン通信

Kamakiri Brothers Fan Club

from ♥ Kama-Bros Fan

「産んだ卵はどのように扱えばいいのでしょうか？」

おがみむし さん

〈事務局〉

卵について気をつけたいことは…

冬に暖かい部屋で誤って孵化してしまうのはオオカマキリです。オオカマキリは非休眠卵で、冬の寒さを経験させなくても暖かい場所に置いておくと1～2か月で孵化してしまいます。その他の休眠性のカマキリの卵は冬の寒さを経験しないと鍵がかかって孵化しない仕組みになっています。どちらの性質の卵にせよ、産卵した卵は暖かい部屋に保存せず、屋外に置いておくのがよいでしょう。特に、水などを与える必要はなく、そのまま放置で大丈夫です。

全体メッシュ型の容器に
産卵するオオカマキリ

フタに産みつけられた卵鞘は手で簡単にバリっとはがせます。はがした部分を接着剤で割りばしなどにつけ替えるのも1つの方法です。孵化するときに、糸のようなものにぶら下がって1回目の脱皮をするため高さが必要になるので、立てかけてください。また、貼りつける際、表側はカマキリが孵化して出て来る通路になっているので、表と裏を間違えないようにしてください。上下もあるので、こちらも間違えないようにしてください。

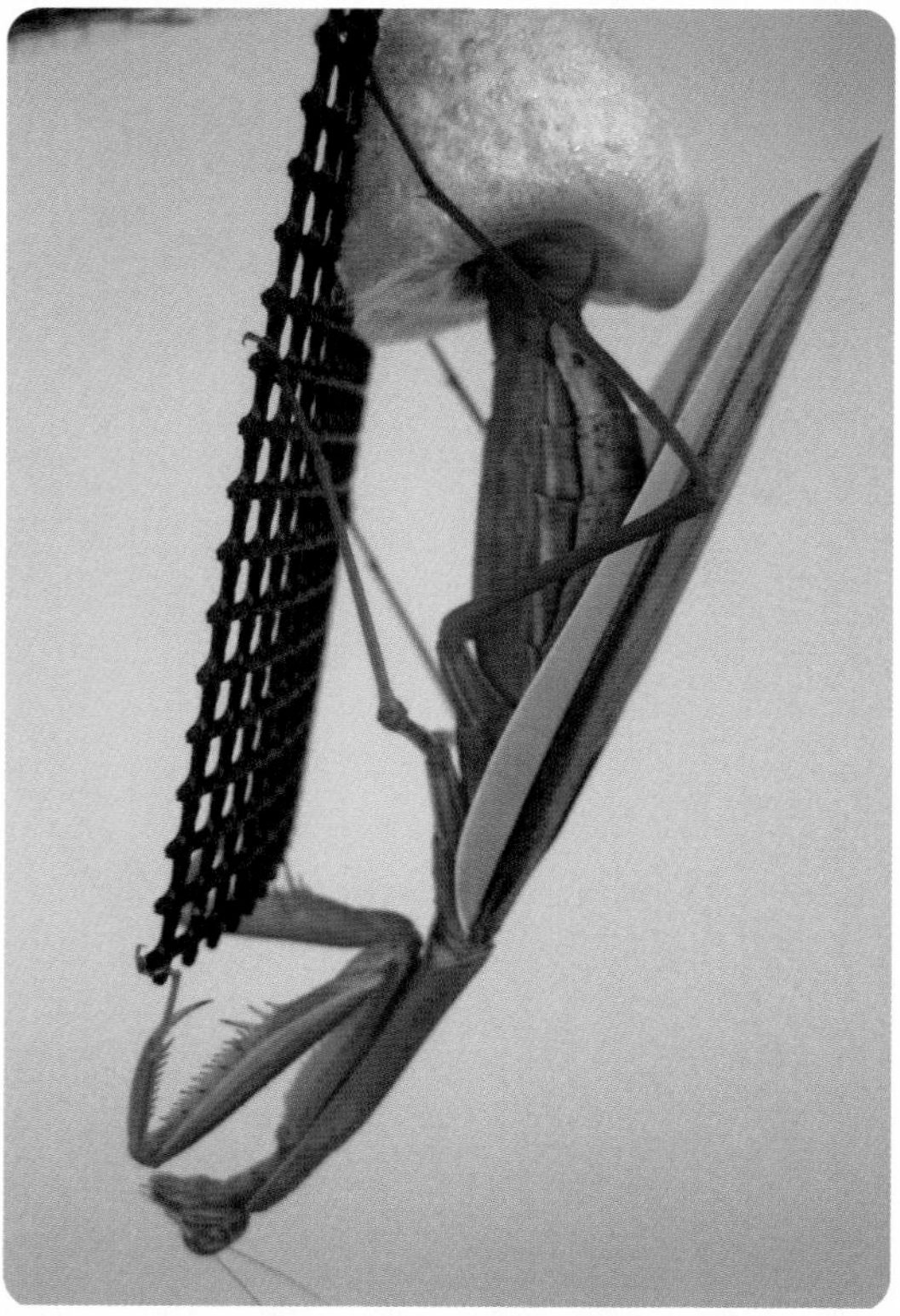

容器内の鉢底ネットに産卵するオオカマキリ

割りばしに接着剤でくっつけた卵鞘
左：ハラビロカマキリ
右：オオカマキリ

ファン通信
Kamakiri Brothers Fan Club

from ♥ Kama-Bros Fan

「ファン歴は長いのですが、触り方がいまだにわかりません。触れ合い方を教えてください」

21712292 さん

《事務局》

ベストな持ち方があります。

いつの間にか、日本ではカマキリの胸を親指と人差し指でつまんで持つのが主流になっていますが、この持ち方だとカマキリは天敵に襲われたと思って激しく抵抗し、カマが指に刺さることがあります。また、小さな幼虫カマキリでは、胸の部分がつぶれてしまいます。幼虫カマキリも成虫カマキリも触り方は一緒です。カマキリの気持ちを考えながら、優しく手に乗せてください。

従来の持ち方

推奨

大きなカマキリでも大丈夫！

カマキリは、高い方へ登ろうとする習性がります。ひじを曲げて手の一番高い場所に乗せてください。カマキリポーズで手の甲に乗せるのが高さをつくりやすく、一番カマキリが安定します。写真のように、カマキリポーズの手の甲を使えば、捕食中のカマキリを安定して乗せることができます。

高い所へ登ろうとする習性を生かすとカマキリが安定する

カマキリポーズの手の上で
アオスジアゲハを捕食中の
ハラビロカマキリ

カマキリが移動しようとして来たら、逆の手を少し高めの位置に持っていき、逆の手に乗せ換えてください。登って来ても決して胸をつかまないようにしてください。カマキリより少し高い場所を手で提示してあげると、向こうから登ろうとしたり、手に飛び乗って来てくれます。

上に登ろうとするハラビロカマキリを逆の手でエスコート

from ♥ Kama-Bros Fan

「野外で出会ったらどうすればいいですか？正しい交流の仕方を教えてください」

Mr. ファーブル さん

〈事務局〉

エサ待ち伏せモードから探索モードに切り替えてあげましょう。

野外でエサを待ち構えているカマキリに対して、いきなり手を持っていくと敵とみなされて攻撃されます。カマキリのモードを、エサ待ち伏せモード（攻撃的）から探索モード（非攻撃的）に切り替えてあげましょう。カマキリが止まっている葉を揺らしてみてください。そうすると写真のように、カマを折りたたんで待ち伏せモードだった姿勢から、カマを前方に伸ばして探索モードに切り替わります。さらに葉を揺らすと歩き始めるので、スッと前方の少し高い場所に手を差し伸べてください。攻撃されずに簡単に手に乗せることができます。

注）上記の触り方が通用しないときがあります。それはすでに威嚇モードに入っているときです。その場合は、落ちつくまで待つか、触らぬ神（カマ）に祟《たた》りなしです。また、非常に空腹状態のカマキリは、手の上に乗せても手をかじったり、攻撃して来ることがあるので、注意してください。

待ち伏せモードのオオカマキリ

探索モードのオオカマキリ

カマキリが威嚇のポーズで怒っているときは、触らないようにしましょう

カマキリと一緒に持続可能な環境づくり（SDGs）

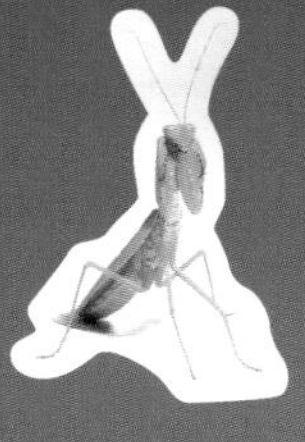

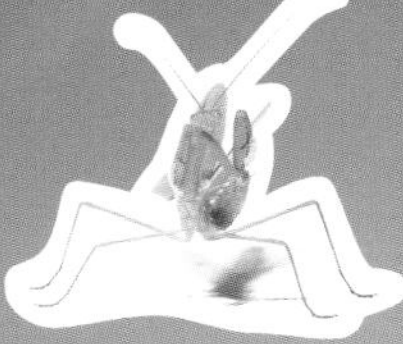
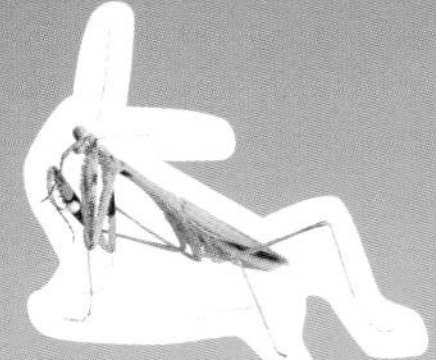

オオカマキリ　最近、人間が「都市周辺では昔に比べてカマキリを見かけなくなった」と言っているが、その一因として、俺たちカマキリが生活できる環境が減っていることが第一に考えられる。都市近郊においては、自然豊かだった草地や農地、里山が住宅街や商業施設などに変化して、残った小さな土地も駐車場になって、河川敷の草原は野球やサッカー、ゴルフ場などに変えられてカマキリが生活できる緑地が減少しているのが現状だ。

コカマキリ　環境教育の現場でもある人間の学校の校庭も、子供たちの安全面を考えて雑草が刈り取られて、大阪府内の学校では、ほとんどカマキリがいなくなってるみたいっすね。

チョウセンカマキリ　様々な生き物を食べる広食性の肉食昆虫の俺らカマキリがいなくなっているということは、草食昆虫（一次消費者）が少ないんだろう。そして、植物を食べる一次消費者が少ないということは、生産者である植物が減少していることを意味するわけだ。そうなると、俺たちも含めた消費者を食べる高次消費者も集まらないから、排泄物や植物の枯死体、遺体を土の栄養に

カマキリを中心にした生態系の構成

する分解者も減少してしまうんだ。

ヒメカマキリ　この生態系の図のように、生態系は、生産者—消費者—分解者のつながりによって構成されていて、多種多様な生物種（生物多様性）が絶妙なバランスを保つことで支えられているんですね。

ハラビロカマキリ　このような関係性をいきなり考えるのは難しいかもしれませんが、人間の子供にも人気のある自分らカマキリをとおして、まずは子供たちと一緒に生態系や生物多様性について考えてみていただきたいです。例えば、学校の校庭や公園でカマキリが生息できる環境づくりをするためには何をすることが必要なのか、それを順序立てて子供たちと一緒に考えて、本来その地域に住む生物が生息できる環境（ビオトープ）づくりをしていくことを始めるのもいいかもしれません。自分たちカマキリが、生物多様性を保全しながら人間と共存できる持続可能な環境づくりを考えるきっかけになれば嬉しいです。

全員　みんなでＳＤＧｓに取り組みましょう！

カマキリ雑学

鎌切《かまきり》

諸説1：カマを持つキリギリスの仲間⇒カマキリ

藪《やぶ》に住むキリギリスの仲間⇒ヤブキリ

草に住むキリギリスの仲間⇒クサキリ

笹に住むキリギリスの仲間⇒ササキリ

注）昔、カマキリはバッタの仲間と考えられていたことが影響している可能性あり

キリギリス

諸説2：カマを持った前脚で相手を切り殺すという意味⇒カマキリ

蟷螂《とうろう》（漢名 / 中国での名称）

ことわざ【蟷螂の斧《おの》】

蟷螂の斧とはカマキリの前脚のことで、カマキリが自分よりもはるかに大きく強い者に対して立ち向かって前脚で攻撃する姿から、「明らかに力が劣る者が強い者に対して自分の力を顧《かえり》みず立ち向かうこと」に例えられ、「無駄で勝ち目がない無謀な行為」の意味として用いられる。

蟷螂の斧の由来は、紀元前6世紀頃に書かれた中国の詩集『詩経』に関連づけてまとめたとされる『韓詩外伝《かんしがいでん》』の中に出て来る逸話。斉《せい》の国の君主であった荘公《そうこう》という人物が狩りに出たときに、1匹のカマキリが馬車に対して威嚇をし、車輪に攻撃している姿を見て、従者は「カマキリは下がることを知らず、前に進むことしか知りません」と荘公に説明し、荘公は「カマキリが人間であれば、きっと天下を取るのであろう」と答え、馬車を遠回りさせ、カマキリに道を譲ったという話である。この故事にちなんで、「自身より巨大で強い相手に対して勝ち目のない挑戦でも、勇気を持って立ち向かうこと」も意味する。

蟷螂の斧の自然界での例

注）日本ではカマキリの前脚をカマだとしているが、中国では斧として捉えていた

蟷螂山《とうろうやま》

蟷螂山とは、京都の祇園祭において毎年7月17日の前祭で巡行する山鉾《やまぼこ》のこと。起源は南北朝時代で、町内に館を構えていた公卿《くぎょう》四條隆資《しじょうたかすけ》が強大な足《あし》利義詮《かがよしあきら》の軍勢に立ち向かった戦いぶりが蟷螂の斧の故事に例えられたことから、1376年に四條家の御所車に蟷螂《カマキリ》を乗せて巡行したのが始まりと言われている。1864年幕末の元治の大火以降、長らく休み山となっていたが、1981年に117年ぶりに再興し復帰した。祇園祭の山鉾としては、御所車の屋根に乗せられた大蟷螂はカマを振り上げて動く、唯一のからくりが施されている。

蟷螂山の山鉾巡行

Praying mantis

「Pray」は「祈る」という意味。「mantis」は「前脚を祈るようにして持つ昆虫（カマキリ）」という意味で、ギリシア語から派生した。古代よりカマキリは神さまからの知らせを伝える預言者のような存在と考えられてきた。

夜にお祈りをしているかのようなヒメカマキリ

カマキリの起源

昆虫の起源は非常に古く、海中で生活していた水生甲殻類（エビやカニの祖先）が上陸し、昆虫へと進化を遂げていったのは約4億8,000万年前のこと。約3億年以上前の石炭紀に体長が約13〜14cm程度の巨大なプロトファスマと呼ばれるゴキブリとカマキリの共通の祖先が存在し、約2億6,000万年前にゴキブリとカマキリにわかれていったと考えられている。カマキリに一番近い仲間は実はゴキブリの仲間で、シロアリやナナフシなどが近縁になる。そのため昆虫図鑑では、カマキリの隣のページにゴキブリやシロアリ、ナナフシが掲載されていることが多い。

カマキリとゴキブリには共通点が多く、顔の形や翅の形状、卵鞘をつくって産卵することなどがある。また、原始的なカマキリ（ケンランカマキリなど）はゴキブリのような平べったい形状をしており、交尾時にオスはメスの上に乗らず、ゴキブリと同じようにお互い反対方向を向いて交尾器をくっつけて交尾をする。

原始的なカマキリ（ケンランカマキリ）

結構
似ている

クロゴキブリ

カマキリの卵鞘

似た特徴

ゴキブリの卵鞘

カマキリの分類

カマキリ目は、世界で約16科、約2,500種が記載されており、熱帯～亜熱帯で特に種数が多く、寒い地域では少ない傾向にある。日本では3科（カマキリ科・ハナカマキリ科・コブヒナカマキリ科）、13種が記載されている。

［オオカマキリ、チョウセンカマキリ、ハラビロカマキリ、コカマキリ、ヒメカマキリ］以外のカマキリ

■サツマヒメカマキリ

分類：ハナカマキリ科、体長：29 ～ 36mm、
生息地：林内または林縁（樹上性）

本州の中部地方以西～南西諸島の暖かい地域で生活し、3～4齢幼虫の状態で越冬する。冬に採集することが可能で、常緑樹の葉を叩くと幼虫が落ちて来る。

■ヒナカマキリ

分類：コブヒナカマキリ科、体長：12 ～ 18mm、
生息地：照葉樹林内の林床（地上徘徊性）

日本で最小のカマキリで、オスメス共に翅がほとんど退化して飛べないが、林床を素早く動くことができる。

■ウスバカマキリ

分類：カマキリ科、体長：50 ～ 66mm、
生息地：開けて乾燥した草地（地上～草地性）

世界で多く見られる種であるが、日本では一部の乾燥した開けた草地でのみ発生しており、一部では準絶滅危惧種に指定されている。かの有名なフランスの博物学者Jean《ジャン》-Henri《アンリ》 Casimir《カジミール》 Fabre《ファーブル》は、本種を中心にカマキリの観察を行っていた。

■スジイリコカマキリ

分類：カマキリ科、体長：41 ～ 57mm、
生息地：荒野地（地上徘徊性）

南西諸島に生息するコカマキリによく似た種だが、前脚のトゲの基部の部分が黒くなっていることで判別することができる。

■ヤサガタコカマキリ

分類：カマキリ科、体長：36 ～ 40mm、
生息地：開けた草地（地上徘徊性）

南西諸島に生息するコカマキリによく似た種だが、前脚がとても短く、内側の黒い紋が長いのが特徴。非常に個体数の少ない希少種。

■マエモンカマキリ

分類：カマキリ科、体長：77 ～ 105mm、
生息地：林縁や草地（草地性）

別名オキナワオオカマキリと呼ばれ、日本最大のカマキリ。南西諸島に生息し、オオカマキリに似ているが体は細長く、胸の部分の紋に発色が見られない。オオカマキリの場合は黄色で、チョウセンカマキリはオレンジ色であることから見わけることができる。

■ナンヨウカマキリ

分類：カマキリ科、体長：36 ～ 39mm、
生息地：草地（草地性）

小笠原諸島に生息し、南方の海外から荷物と一緒に侵入した外来種であると考えられている。

■ムネアカハラビロカマキリ

分類：カマキリ科、体長：65 ～ 85mm、
生息地：林縁（樹上性）

ハラビロカマキリに似ているが、胸の部分が赤く、一回り大型の外来種。中国大陸から来たと考えられている。

カマキリの仲間（不完全変態）

孵化した幼虫時期からイモムシではなく、成虫に似た姿をしており、蛹を介さずに成虫になる昆虫の仲間で、このような変態形式を「不完全変態」と呼ぶ。

卵 ➡ 幼虫 ➡ 成虫

（不完全変態：カマキリ目・バッタ目など）

幼虫期の形状が成虫に似ている（歴史的に古い仲間）

コカマキリの1齢幼虫

コカマキリの成虫

卵 ➡ 幼虫 ➡ 蛹 ➡ 成虫

（完全変態：甲虫目・チョウ目・ハチ目・ハエ目など）

幼虫期がイモムシ型（歴史的に新しい仲間）

ツマグロヒョウモンの幼虫

ツマグロヒョウモンの成虫

【食べもの】

空腹時には花粉を食べることも報告されているが、前脚を捕獲肢として使い、前脚についている鋭い多数のトゲで昆虫類や小動物（トカゲ・カエル・ヘビ・鳥・ネズミ・魚など）を素早く捕獲する肉食性の昆虫。ハナカマキリのように、匂いを使ってハチを誘き出して捕食するものもいる。

【視覚】

動くものを正確にとらえるために数万個の個眼が集まり、ドーム状の複眼を形成する。昆虫で唯一立体視できる優れた視覚を持ち、相手までの距離や大きさを正確に測ることができる。ほぼ360°見わたすことができ、頭部を180°動かすことができる。そのため人間が背後で動くとギロっと後ろを振り返る。カマキリは色覚を持たない。複眼の間にある3つの小さな単眼で、光を感じることができる。

様々な角度から見たオオカマキリの眼

【触角】

主に匂いを感じる部位で、オスはメスのフェロモンを感じてメスを探して交尾をしなければならないので、メスより長いのが特徴。大事な匂いセンサーのため、汚れたときは右の写真のようにグルーミングをする。

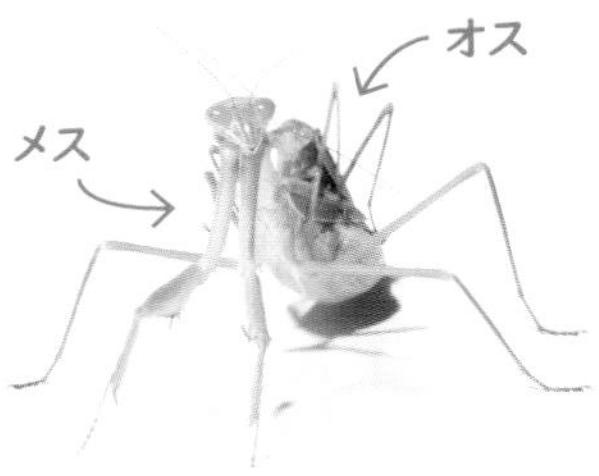

交尾中のオオカマキリ
（オスとメスで触角の長さが異なる）

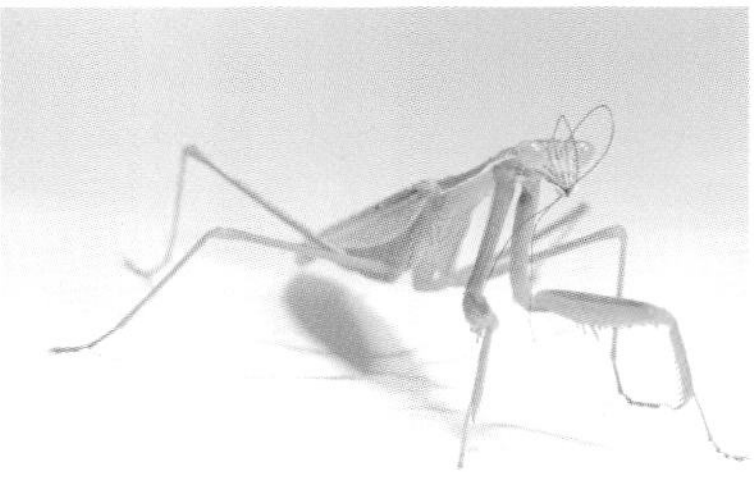

触角の汚れを掃除するオオカマキリ

カマキリ博士のあとがき

3歳の春、幼稚園のバスを待つ間に自宅の庭で見つけた1cmほどの茶色い1匹のカマキリとの出会いが夢への始まりでした。

最初の出会いは、まさに〝ビビビッ！〟という衝撃で、可愛い♡やカッコいい！ではなく、どこか懐かしいような不思議な感覚におちいったことを鮮明に記憶しています。そして、それが昆虫、カマキリであるということをまったく知らないまま、ビンに入れて幼稚園バスに乗り込みました。それから毎日のようにカマキリを連れて登園する不思議な少年になっていました。その頃から将来の夢は「カマキリ博士」になることでした。

その後、小学校に上がっても、カマキリ大好き病は治まらず、病はみるみる同級生に蔓延していき、どのクラスでもカマキリを飼っているという一大カマキリブームを引き起こしました。そんなカマキリ少年の図画工作は、すべてカマキリ。図書館で、他のみんなが『かいけつゾロリ』シリーズなどを読んでいる中、私は毎回飽きもせず、同じ本（当時は1種類しかカマキリの本がなかった）『カマキリのかんさつ（科学のアルバム）』を読んでいました。

著者Profile

渡部 宏 Hiroshi Watanabe

近畿大学農学部農業生産学科卒。2010～2013年近畿大学非常勤講師（生物学）。2014～2016年京都大学生態学研究センター機関研究員。2011年より帝塚山大学非常勤講師（環境学）。
2017年昆虫科学研究センターISRC設立。農学博士、気象予報士。

私は、カマキリの行動観察や気持ちを推察するのが好きで、大人たちがカマキリの胸をつかんで捕まえようとする行動に疑問を感じていました。なぜカマキリが嫌がっているのに気づかないんだろう、と。また、カマキリがユラユラ体を揺らす行動に魅了され、これは風で揺れる葉に動きまで似せるためではないか、ということに気づき、将来の研究テーマ「カマキリの行動生態」を掲げ、大学に進学しました。そして、昆虫の生存戦略と気象は密接な関係があると思い、大学1年生のときから大学に通いながら週末は専門学校の気象予報士講座を受講し、大学3年生のときに気象予報士の資格を取得して、ますます研究魂に拍車がかかり、「カマキリの適応的な行動戦略」というタイトルで博士号を取得し、カマキリ博士になるという幼少期からの夢が叶いました。

余談ですが、大学時代に恋の悩みから占い師のもとを訪れて手相を見てもらったときに、「人差し指の付け根に、キレイなソロモンの環（珍しい相）がある。あなたは、生きものの気持ちが何となくわかるのでは？」と言われました。そして、そのときに、ふと実家の書庫に『ソロモンの指環』という本があったことを思い出し、見てみると内容は「動物行動学」でした。これは運命なのか、天命なのか…、カマキリに出会った3歳の頃からこの道に導かれているような気がします。

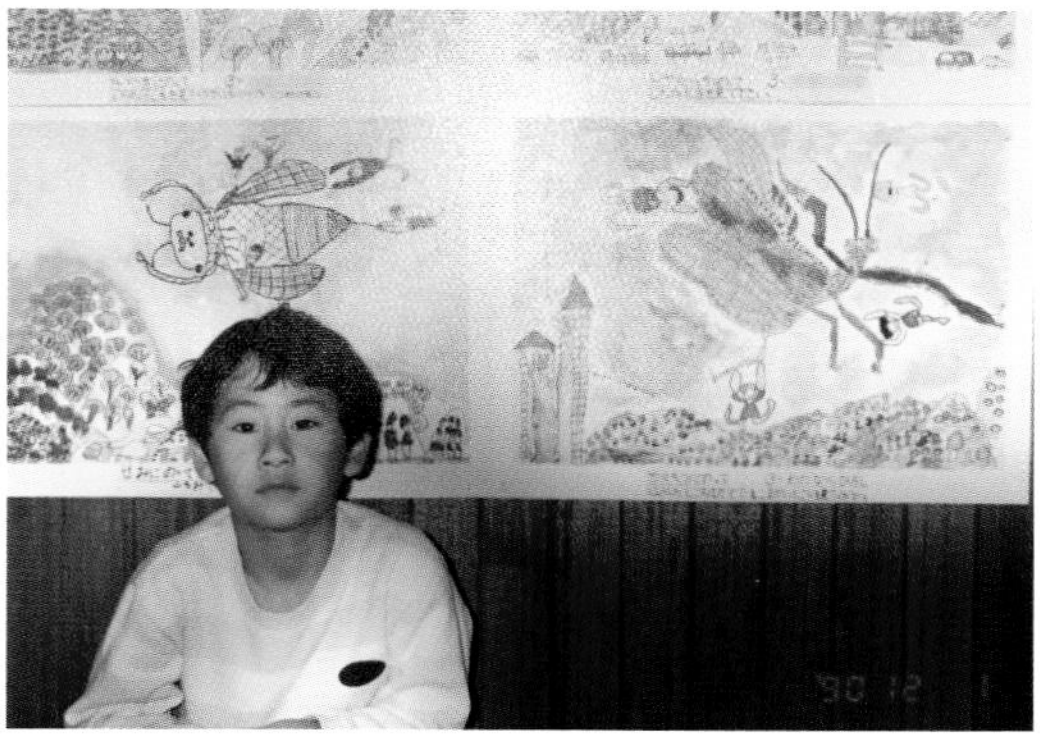

少年時代の著者

将来カマキリ博士になりたいと思えたのは、当時、まだ自然が多く残っていたからです。近年は、自然環境の減少と共に室内で楽しめる娯楽が増加しており、親は昆虫嫌いが多く、学校の先生も子供たちに自然体験させられるような経験や機会、知識が不足し、子供に昆虫や自然に関する教育をしたくてもできないような現状です。そのため、これまでの研究や知識、経験を子供の教育に取り入れたいと思い、「カマキリ博士の昆虫教室」を設立し、昆虫教室、幼稚園アフタースクール、幼児教室、出張講演を通じて子供たちの環境教育に力を入れて来ました。

そして遂に、念願の執筆依頼！このカマブラ本につながりました。しかし最初、編集者から「カマキリのオスがメインのカマキリアイドル本」だと聞いて、正直、かなりの戸惑いと不安がありました。さらに、5種のカマキリを同時に複数匹個別に飼育できる余裕があるのか、写真は上手く撮れるのか、など、執筆に踏みきるのに、実は1年近くかかってしまいました。それでも書こうと思った理由は、大きく2つありました。1つ目が「カマキリの気持ちがわかる渡部さんには、うってつけの企画です」と編集者から言われ、確かに（笑）、と自分でも思ってしまったこと。2つ目は、私の昆虫教室に通ってくれている子供たちの協力でした。5種のカマキリ撮影を、1年を通じてやるとなると飼育がとても大変で、メインの仕事をしながら1人で実行するのは不可能に近いと思っ

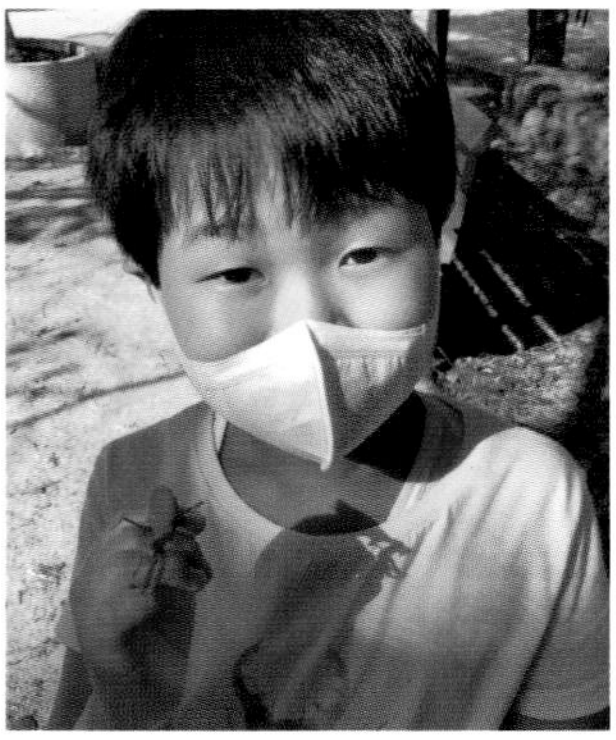

佐藤 伸哉 君

西川 颯亮 君

村田 晴哉 君

ていましたが、3人の子供たち（佐藤伸哉君・西川颯亮君・村田晴哉君）と親御さんが、それぞれ決めたカマキリを担当し、大切に育ててくれました。そして、昆虫や生きものが好きなカメラマン（谷上裕二氏）が、強力な援護を約束してくださいました。このような手厚いサポートにより、執筆を進めることができたことを本当に感謝しています。また、カマキリの貴重な写真を提供してくださった岩崎拓氏と大門聖氏にも大変感謝しています。

いざ、カマブラ本の作成がスタートすると、各家庭から「カマキリの飼育が大変だ～」という悲鳴があがりました。ショウジョウバエやコオロギ、ゴキブリなどをネットで購入、累代飼育しながら、毎日複数匹のカマキリに体のサイズに合わせた生きたエサを与えなければいけません。何より自身が担当するカマキリを、脱皮不全にさせたり死なせたりしてはいけないというプレッシャーが相当きつかったと思います。本当にお疲れさまでした。

撮影に関しては緊張感もありつつ、みんなで和気あいあいと楽しくできました。同じ種類のオスでも性格がまったく異なり、落ちついていて撮影に向いている個体、落ちつきがなくすぐに飛んでいく個体、すぐに威嚇して怒りやすい個体、反応が薄い個体、すぐに死んだふりをする個体など、人間と一緒で各々

マオウカレハカマキリとカナヘビ

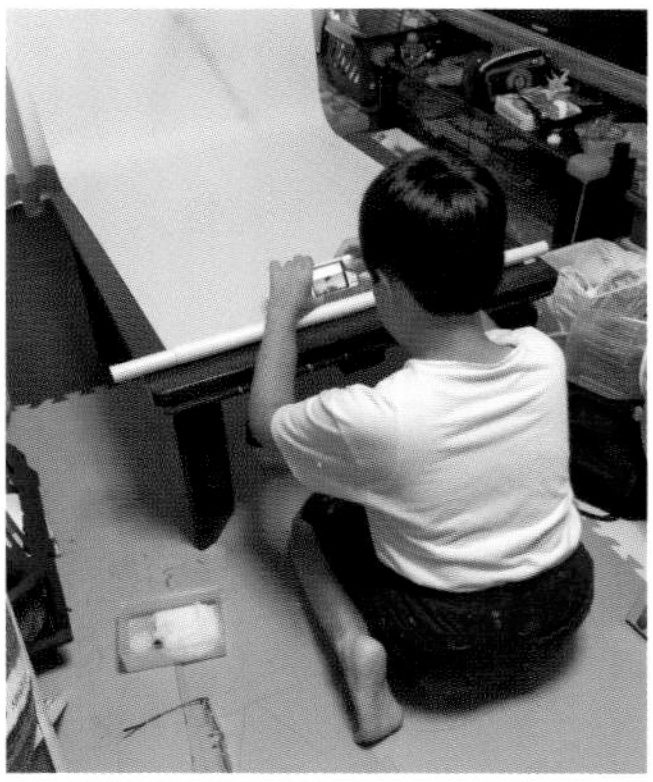

室内撮影の様子

の個性がとても愛くるしく、緊張感のある撮影時もみんなを笑顔にしてくれました。そして、新たな発見もありました。暗幕に入れて黒くなった眼を撮影しようとしたら、黒くならない種があり、種類やメスとオスでの違いなど、今後研究をしてみる価値がありそうです。この違いに関して生態的意義を考えてみるのが、いまから楽しみになりました。

本書では、それぞれのカマキリの生態に合わせてキャラクターを設定しています。まるでカマキリたちが対話しているかのようにカマキリを擬人化させて読者に伝える方法はとても斬新で面白く、子供たちが読んでも楽しいのではないかと思います。あまりにくだけすぎると間違った捉え方をされる可能性があるので、科学本としてもきちんと伝えなければならない案配が一番苦労したところであり、こだわったところです。カマキリになった気持ちで読んでみると、昆虫たちの気持ちが少しはわかるようになり、見方も変わるのではないでしょうか。

この本は、私の人生（カマキリ道）や感性をぶつけた内容になっています。カマキリを通じて、昆虫のことや命のつながりの大切さ、環境問題、ＳＤＧｓなどを考えるきっかけになればと思っています。地球温暖化によるオオカマキリへの影響もさることながら（現在、影響があるとされているのは、カマキリで

飼育開始時のケース

野外撮影の様子

はオオカマの1種のみ）、異常気象により昆虫たちも大きな影響を受けていることは間違いないでしょう。人間は人間だけでは生きていけません。みなさんが気持ち悪いと思っている生きものにも生態系の中でそれぞれ役割があり、自然を支え守ってくれているのです。そのため、人間と他の生物が共存共栄していくためには、環境教育が必須であると思います。そして、本書には協力してくれた子供たちの熱い思いも乗っています。この1年間、私と一緒に行動し、試行錯誤してくれました。私や子供たちが撮影した素人っぽい？写真もたくさん載っています。それもまた味があるね、と受け止めていただけたらと思います。

本書の内容がすべて正確で正しいとは限りません。なぜなら、カマキリはとてもポピュラーな昆虫ですが、特に飼育の難しさから世界的に見てもあまり研究が進んでいないからです。しかし、それが自然科学の魅力であり、未知の魅力を持つカマキリについて今後、新たな発見があることを楽しみにしています。今回の執筆は、カマキリと改めて真剣に向き合えるきっかけになりました。ご協力くださった方々、そしてこのような貴重な機会をくださったオーム社に深くお礼申し上げます。

ありがとうございました。マンティース!!

注）撮影に際して、カマキリに無理なポージングをさせるなどの行為は行っておりません

■著者
渡部　宏
昆虫科学研究センター ISRC 代表、農学博士、気象予報士

■チーム KBVB
佐藤 伸哉・西川 颯亮・村田 晴哉ファミリー
谷上 裕二（グラビア撮影）

□写真協力
岩崎 拓・大門 聖

カマキリブラザーズ ビジュアルブック

2024 年 5 月 23 日　　第 1 版第 1 刷発行

監 修 者　昆虫科学研究センター ISRC
編　　者　オーム社
著　　者　渡 部　宏
発 行 者　村 上 和 夫
発 行 所　株式会社 オーム社
　　　　　郵便番号　101-8460
　　　　　東京都千代田区神田錦町 3-1
　　　　　電話　03(3233)0641(代表)
　　　　　URL　https://www.ohmsha.co.jp/

組版　アンパサンド　印刷・製本　壮光舎印刷
ISBN978-4-274-23201-5　Printed in Japan